garniture

法式料理名廚配菜技法大全

garniture

音羽和紀
KAZUNORI OTOWA

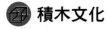 積木文化

garniture

序

garniture

配菜最大的目的，就是突顯主菜的美味。
用令人印象深刻的擺盤、絕妙的食材搭配，
透過香氣、口感與味道的變化，更加突顯主菜的獨特風味。

最常見的配菜組合包括馬鈴薯、紅蘿蔔、
黃綠色蔬菜與義大利麵等食材，
但我認為食材的搭配無須局限。
此外，還能發揮創意改變擺盤方法，
將食材點綴在上方、鋪在底部、放在旁邊，甚至用不同盤子盛裝。
顏色也是可以運用的元素之一，春天用綠色蔬菜搭配、
秋天就用果實統合色調。
無須講究紅配綠等強烈對比的配色原則，也能呈現料理的美感。
食材上也要打破傳統，若搭配個性鮮明的料理時，
不一定要選擇馬鈴薯或味道清淡的蔬菜，白米也是很好的配角。

我想透過這本食譜告訴各位，創意是自由的。
不要墨守陳規、無須故作姿態，盡情打開創意的窗口，投入自己的料理世界。
最初我從「搭配」的觀點切入研發菜色，
但在製作過程中，我讓自己拋開既有常識，
成功創造出全新料理。

本書介紹的配菜不只能搭配主菜，單吃也是一道出色的蔬菜料理。
各位可以從中得到搭配的靈感，甚至自行開發耳目一新的創意蔬菜料理。
隨著近年來人們對蔬菜的需求日益高漲，不只是高級法國餐廳或義大利餐廳，
對農產直銷附設餐廳或學校營養午餐的營養師、料理家，
以及所有與飲食有關的從業人士，或是在家調理三餐的家庭主婦，
還有想親手製作料理招待親友的普羅大眾……
我衷心希望這本食譜能成為各位創意發想的泉源。

音羽和紀

CONTENTS
目錄

百搭的配菜料理

蔬菜泥、蔬菜糊

焗烤蔬菜

可當作配菜的醬料

蔬菜捲

春捲菜盒

擺盤進階課

主菜料理與醬汁食譜 132

日文原書協力人員

攝影●海老原俊之

設計●茂木隆行

編輯●長澤麻美

＊編註：日文原書烹調法與部分名詞以法義專門用語標示，中文版附註原文／中文譯文（請見粗體字）對照與釋義。

用語解說・烹調法

beurre monté：（法）奶油從冰箱取出切塊，分次少量加入快煮好的醬汁裡融化，增加濃稠度與滑順口感。

braiser：（法）**蒸煮**。食材加入極少量的水或湯汁，蓋上鍋蓋以小火燉煮。

confit：（法）**油封**。將食材浸漬在油中，低溫加熱烹煮。

déglacer：（法）在煎炒完魚類或肉類的鍋中倒入紅酒等液體，刮底取色，將沾附鍋底的焦渣煮化。

escalope（或日文「カツレツ」）：（法）**炸烤**。原指將魚類或肉類切成薄片，沾附麵粉，炸至金黃焦脆的料理。

fondante：（法）**清燉**。將食材燉煮至柔軟、入口即化的狀態。

glacer：（法）**糖煮**。以水、奶油燉煮紅蘿蔔等食材，將煮汁熬至濃稠的糖漿狀。

gratiner ／ gratin：（法）**焗烤**。料理撒上起司粉、麵包粉等，放入烤箱烤至上色。

griller：（法）**網烤**。以炭火、瓦斯爐等直火方式，使用烤網等將食材表面烤出燒痕。

meunière：（法）**嫩煎**。又稱麥年、粉煎。魚片沾裹麵粉，用奶油煎過後，淋上以檸檬汁與焦化奶油製成的醬汁。

piccata：（義）**煎炸**。原指切成薄片的肉類或魚類沾附麵粉煎過後，淋上檸檬汁與瑪莎拉酒（Marsala）等帶酸味、辛香的醬汁。是一道發祥於義大利的料理，傳統作法使用的是小牛肉。日本則演變為將肉類或魚類調味後，沾附起司粉與蛋液，再以奶油煎炸。

pocher：（法）**燉煮**。將鍋中的水或湯汁等液體維持在沸騰前的溫度，慢慢加熱食材。

poêler：（法）**煎烤**。使用平底鍋煎烤的調理法。或指將魚類或肉類放入鍋中，以油、香味蔬菜與少量液體加熱燜烤。

ragù：（義）**醬燉**。肉汁、肉醬、燉肉料理的其中一種類型。

rôtir：（法）**烤**。通常指大塊肉刺入金屬串放在爐上炭烤，或直接放進烤箱烤（使用烤箱時有時會特別標註「au four」，中文則翻為「烤箱烤」，加以區分）。

sauter：（法）**煎炒**。油放入平底鍋加熱，以中大火煎炒食材。

用語解說・名詞

béchamel：（法）**白醬**。又稱貝夏梅醬。在熬煮至濃稠狀的白湯醬（velouté）中拌入蛋黃、鮮奶油、肉豆蔻，再以紗布過濾的法式經典母醬之一。

beurre fondu：（法）**融化奶油**。奶油加熱融化成液狀。或指加入檸檬汁、鹽、白胡椒，慢慢加熱融化的奶油。

boudin：（法）**豬血腸**。細分為「boudin noir」與「boudin blanc」。前者為以豬血、醋、炒過的洋蔥、豬脂、白葡萄酒、胡椒等辛香料灌成的豬血腸；後者則指使用雞肉、魚肉等白肉或小牛肉，加入鮮奶油、蛋、麵粉、松露等灌成的香腸。

bouillon：（法）**清湯**。肉類或蔬菜熬煮成的清湯。

caillette：（法）**肉餅**。在豬、羊或牛絞肉中拌入肝臟或菠菜等，用豬油網包住，再以烤或煎製成的南法料理。

cheddar：（英）**切達起司**。產自英國、美國等地的牛乳起司。

ciboulette：（法）**蝦夷蔥**。又稱細香蔥。

coiffe ／ crépine（或日文「網脂」）：（法）**豬油網**。分布在牛或豬等牲畜內臟周圍的網狀脂肪。用於煎炸料理時包覆食材的材料。

demi-glace：（法）**牛肉醬汁**。又稱多蜜醬汁、多明格拉斯醬。在以小牛高湯、奶油炒過的麵粉、紅蘿蔔、洋蔥、番茄等製成的褐色醬汁（sauce espagnole）中加入馬德拉酒（Madeira），熬煮至濃稠狀。

échalote：（法）**紅蔥頭**。法式料理中不可或缺的食材，常作香味蔬菜使用。

fond ／ fumet：（法）**高湯**。以大骨或蔬菜熬煮成的高湯，用作醬汁或燉煮料理的基底。

fond de veau：（法）**小牛高湯**。以小牛大骨熬成的高湯，用作醬汁或燉煮料理的基底。

fourme d'Ambert：（法）**昂貝爾起司**。產自法國奧維涅（Auvergne）地區的AOC標章藍黴起司。「fourme」為大塊圓柱狀牛乳起司的總稱。

francfort：（法）**法蘭克福香腸**。原指

豬細絞肉灌製的冷燻德國香腸，法式法蘭克福香腸則是將豬、小牛等細絞肉灌入淺褐色腸衣，水煮後再燻製。

gorgonzola：（義）**戈貢左拉起司**。產自義大利的牛乳藍黴起司。

gruyère：（法）**格呂耶爾起司**。產自瑞士、薩瓦（Savoie）、弗朗什康地（Franche Comté）、布根地（Bourgogne）等地區的牛乳起司。

jus：（法）**肉汁**。肉類或蔬菜經過蒸炒（étuver）、蒸煮或烤後釋出的汁液。

jus d'agneau：（法）**小羊肉汁**。小羊肉經過烹調釋出的汁液。

jus de volaille：（法）**雞汁**。雞肉經過烹調釋出的汁液。

mayonnaise：（法）**美奶滋**。蛋黃加入油乳化，再以醋稀釋的冷製醬汁。

mimolette：（法）**米莫雷特起司**。產自法蘭德斯（Flandres）地區的牛乳起司，與艾登起司（édam）類似。

mirepoix：（法）**香味蔬菜**。紅蘿蔔、洋蔥、西芹等，熬煮醬汁或高湯時增添風味用的蔬菜。

mozzarella：（義）**莫札瑞拉起司**。產自義大利，以水牛牛乳或一般牛乳製成的新鮮起司。

parmigiano reggiano：（義）**帕瑪森起司**。義大利艾米利亞羅馬涅（Emilia Romagna）地區生產的帕馬森起司。「parmigiano」為脫脂牛乳製作的義大利硬質起司。

poivrade：（法）**黑胡椒醬**。胡椒風味明顯的醬汁。

ris de veau：（法）**小牛胸腺**。「ris」意為胸腺，指的是動物氣管前白色的內臟部位。在動物成獸後會消失。

rösti：（法）**瑞士薯餅**。以切成細絲的馬鈴薯製成的薄餅，是瑞士常見的地方料理。

vinaigrette：（法）**法國油醋醬**。以油、醋、鹽、胡椒為基底，加入切碎的洋蔥、紅蘿蔔、紅蔥頭等製成的沙拉醬。

參考文獻
《月刊專門料理》柴田書店

調理前注意事項

• 本食譜的 1 大匙為 15cc、1 小匙為 5cc。

• E.V. 橄欖油為特級初榨橄欖油（Extra Virgin Olive Oil）的簡稱。

• 本食譜的材料分量、火候溫度與時間僅供參照，請依材料狀態、使用的調味料與調理器具適度調整。

• 本食譜介紹的主菜料理皆較為簡單，由於配菜可自由搭配任何主菜，讀者皆可替換成自己的拿手料理。

• 每道配菜皆在「適合搭配的料理」欄位中，標註調性相搭的菜系與食材，歡迎參照。

garniture

依食材分類
的配菜料理

garniture

馬鈴薯

焗烤馬鈴薯蘑菇

擺盤範例

材料（2個）

馬鈴薯（「印加的覺醒*」品種。帶皮蒸熟）…1顆

煎炒蘑菇（方便製作的分量）

蘑菇（較大者切成厚片、較小者縱切對半）…4～5個

洋蔥（切成碎末）…少許

帕瑪森起司（磨成粉。亦可使用格呂耶爾起司等個人偏好的起司）…適量

奶油、鹽、胡椒…各適量

1 煎炒蘑菇：奶油放入平底鍋中加熱，放入蘑菇轉大火，稍微拌炒後取出。接著放入洋蔥拌炒，撒上鹽與胡椒。

2 待 **1** 的蘑菇放涼後切碎，倒入 **1** 的洋蔥、帕瑪森起司拌勻。撒少許鹽與胡椒調味。

3 將帶皮蒸好的整顆馬鈴薯切成一半。

4 將 **2** 鋪在 **3** 的剖面上，放入 180℃的烤箱（或上火烤箱）烤至上色。

* 譯註：日本以南美洲安地斯原產馬鈴薯中選育出來的品種。肉黃、甜度高，煮熟後口感類似番薯。

適合搭配的料理 > 烤肉、烤魚或嫩煎魚排等皆可。亦可當成一道單獨的料理。搭配褐色醬汁、番茄醬汁、奶油醬汁都很對味。

搭配牛排（請參照 p.132）。
醬汁以牛肉醬汁及小牛高湯為基底製作而成。

鮮奶油焗烤馬鈴薯蘑菇

材料（2 個）

馬鈴薯（「印加的覺醒」品種。帶皮蒸熟）… 1 顆

蘑菇醬（方便製作的分量）

┌ 蘑菇（較大者切成厚片、較小者縱切對半）… 4 ～ 5 個
│ 洋蔥（切成碎末）…少許
│ 液態鮮奶油…少許
│ 帕瑪森起司（磨成粉）…適量
└ 奶油、鹽、胡椒…各適量

1 製作蘑菇醬：奶油放入平底鍋中加熱，放入蘑菇轉大火，稍微拌炒後取出。接著放入洋蔥拌炒，撒上鹽與胡椒。

2 待 **1** 的蘑菇放涼後切碎，放入鍋中，放入 **1** 的洋蔥，加入少許液態鮮奶油煮至收乾。撒上鹽與胡椒調味，加入帕瑪森起司大致拌勻。

3 將帶皮蒸好的整顆馬鈴薯切成一半，在中間挖一個凹洞。將挖出的馬鈴薯粗略搗碎，拌入 **2** 的蘑菇，鑲入凹洞。撒上少許帕瑪森起司（分量外）。

4 放入 180℃的烤箱（或上火烤箱），將表面烤至上色。

焗烤馬鈴薯菠菜

材料（2 個）

馬鈴薯（帶皮蒸熟）… 1 顆

A（方便製作的分量）

┌ 菠菜…½ 把
│ 奶油（在室溫下回溫至膏狀）… 30 ～ 40g
│ 麵包粉…30g
│ 帕瑪森起司（磨成粉。亦可使用格呂耶爾起司等個人偏好
│ 的起司）…適量
└ 鹽、胡椒…各適量

1 將 **A** 的菠菜放入水中氽燙，撈起放入冷水冰鎮。擰乾水分後切末。

2 拌勻 **1** 與帕瑪森起司、麵包粉，加入奶油攪拌，撒上鹽與胡椒。

3 將帶皮蒸好的整顆馬鈴薯切成一半。

4 在 **3** 的馬鈴薯剖面抹上約 1cm 厚的 **2**。放入 180 ～ 200℃的烤箱，將表面烤至上色。

適合搭配的料理 > 肉類料理，包括牛排、各種烤肉（烤或網烤）與煎烤肉類。由於配菜中加了液態鮮奶油，肉類建議搭配以肉汁為基底、風味單純的醬汁。

適合搭配的料理 > 牛排以及各式以烤、煎炒、煎烤與燉煮烹調的肉類或海鮮料理。由於使用菠菜的關係，特別適合淋上以番茄製成的醬汁。

煎烤馬鈴薯

將煎炒菠菜（請參照 p.59）鋪在盤底，
放上煎烤牛肉（請參照 p.132），
淋上韭菜奶油醬（請參照 p.135），
旁邊放上煎烤馬鈴薯。

擺盤範例

材料（2 個）

馬鈴薯（「印加的覺醒」品種。帶皮蒸熟）⋯1 顆
奶油⋯適量

1 將帶皮蒸好的整顆馬鈴薯切成一半。

2 奶油放入平底鍋加熱，將 **1** 的切口朝下放入，慢
慢煎至表面上色。

適合搭配的料理 > 單純的風味適合搭配所有料理。馬鈴薯品
種「印加的覺醒」味道十分出色，可單獨食用。搭配其他蔬
菜則能提升料理的視覺效果。

蒸煮馬鈴薯洋蔥

搭配煎烤帶骨小羊肉（請參照 p.132）。

擺盤範例

材料（方便製作的分量）

馬鈴薯（「五月皇后*」品
種）…2 顆

洋蔥…¾顆～1 顆

雞清湯或肉汁（加入適量的
水稀釋）…適量（依食材
大小和鍋子尺寸調整）

鹽…適量

1 馬鈴薯削皮，較大者縱切成兩半。洋蔥縱切成 4
等分圓弧片。

2 將 **1** 放入鍋中，倒入稍微蓋到食材表面的雞清
湯，加入少許鹽。蓋上鍋蓋，稍微留些縫隙（亦
可取一張烘焙紙，中間剪開數個洞，放在食材上當落蓋使
用），開小火慢燉。水分變少後，用勺子舀取湯汁
淋在食材上，慢慢蒸煮至收乾。適度調味。

＊ 譯註：外表平滑、呈縱長形，表皮容易剝除，肉偏黃，特色
是長時間燉煮也不容易煮碎，加上口感較為黏稠，常用來製作
咖哩或關東煮等料理。

適合搭配的料理 > 飽含湯汁的蒸煮蔬菜是一道滋味豐郁的配
菜，搭配以烤或煎烤烹調、風味單純的肉類或魚類料理皆可。

清燉馬鈴薯塊

材料（方便製作的分量）

馬鈴薯（「五月皇后」品種）…2 顆

洋蔥（切成圓弧片）…⅛顆

雞清湯（加入適量的水稀釋）…適量

雞汁（或白葡萄酒蒸蛤蜊的湯汁）
…少量（如需要再加）

鹽…極少量（如需要再加）

1 馬鈴薯削皮，橫切成兩半。削
圓表面。

2 將 **1** 與洋蔥放入鍋中，倒入稍
微蓋到食材表面的雞清湯（亦
可加入少量的雞汁或白葡萄酒蒸蛤蜊
的湯汁），必要時撒上極少量的
鹽。取一張鋁箔紙或烘焙紙，
在中間剪開數個洞，放在食材
上當落蓋使用。開小火慢慢燉
煮。

適合搭配的料理 > 由於味道清淡，任
何菜色都能搭配。盛盤後淋上醬汁，
看起來更豐盛。使用雞汁適合搭配肉
類料理；使用白葡萄酒蒸蛤蜊的湯汁
時，搭配魚類料理最出色。

清燉馬鈴薯塊放在煎烤鯛魚（請參照 p.133）旁，
淋上青海苔醬汁（請參照 p.135），再放上黑橄欖。
範例中只搭配馬鈴薯，也可依菜色特性放入洋蔥。

馬鈴薯南瓜球

材料

馬鈴薯、南瓜⋯各適量

（馬鈴薯與南瓜的比例為 2：1）

1 馬鈴薯和南瓜蒸熟後去皮，切成適當大小後粗略搗碎。
2 取適量的 1 揉合成小球狀，用保鮮膜包起捏實（扭緊封口，塑成球狀）。
3 連同保鮮膜將 2 切成一半，再拿掉保鮮膜。

帕瑪森起司烤
馬鈴薯南瓜球

材料

馬鈴薯南瓜球（請參照左方作法）⋯適量

帕瑪森起司（磨成粉）⋯適量

1 加熱平底不沾鍋，撒上薄薄一層帕瑪森起司。
2 將切成一半的馬鈴薯南瓜球切口朝下，放在 1 的起司上，煎至表面上色。

適合搭配的料理 > 這道配菜的顏色對比十分漂亮，令人印象深刻。適合搭配口感細膩的燉煮或嫩煎海鮮。馬鈴薯南瓜球沒有任何調味，建議搭配有醬汁的料理。

適合搭配的料理 > 馬鈴薯南瓜球增添了帕瑪森起司的味道與香氣後，更適合搭配番茄醬汁或燉肉料理。與烤海鮮佐番茄醬汁就是最對味的組合。

燉煮鱈魚（請參照 p.134）
淋上菠菜白醬（請參照 p.134），
放入切成一半的馬鈴薯南瓜球。

炸馬鈴薯丁

（原味）

材料

馬鈴薯（「五月皇后」品種）…適量

炸油（植物油）、鹽…各適量

馬鈴薯削皮，切成 1.5cm 丁狀。放入加熱至 160℃的炸油稍微炸過後取出，將油溫提高至 180℃，再放入馬鈴薯丁炸第二次。炸至金黃色後撈起，瀝乾油分，撒上鹽。

〈變化版〉

● **+炸洋蔥**（照片左）

洋蔥切成薄片，放入油鍋炸至酥脆，拌入炸馬鈴薯丁（原味。請參照左方作法），撒上鹽大致拌勻。

● **+大蒜**（照片中）

大蒜切成薄片炸成金黃色（小心不要炸焦），瀝乾油分，拌入炸馬鈴薯丁（原味。請參照左方作法），撒上鹽大致拌勻。

● **+鰷魚與洋蔥**（照片右）

鰷魚和少許洋蔥切成碎末，加入剛炸好的炸馬鈴薯丁（原味。請參照左方作法），大致拌勻。

適合搭配的料理 > 切成小丁可以撒在主菜四周，或放在料理上方，用法相當廣泛。不妨依主菜特色與個人喜好，參照右方作法增添變化。

炸馬鈴薯丁（口味依喜好選擇）
搭配煎烤羊小排（請參照 p.132），
放上西洋菜裝飾。
以繞圈方式淋上以小羊肉汁為基底製成的醬汁。

炸馬鈴薯（薯條）

＊不同粗細度會呈現酥脆或濕潤的豐富口感。

材料

馬鈴薯（「五月皇后」品種）、炸油（植物油）、鹽…各適量

稍粗（照片左）

1 馬鈴薯削皮，切成 1.2cm 見方的長條狀。
2 放入 160℃的炸油稍微炸過（待火侯即將透至中心時）取出，將油溫提高至 180℃，再放入薯條炸第二次。炸至金黃色後撈起、瀝乾油分，撒上鹽。

正常（照片中）

1 馬鈴薯削皮，切成 6mm 見方的長條狀。
2 放入 180℃的油鍋中炸至金黃色（亦可同上方作法炸兩次），撈起、瀝乾油分，撒上鹽。

稍細（照片右）

1 馬鈴薯削皮，切成薄片，再切成 3mm 見方的細絲。
2 放入 180℃的油鍋中炸至金黃色，撈起、瀝乾油分，撒上鹽。

〈變化版〉

＋米莫雷特起司

炸好的細絲薯條（請參照左方作法）瀝乾油分，撒上鹽與米莫雷特起司，大致拌勻。

＊亦可使用帕瑪森起司。

適合搭配的料理 > 與牛排或漢堡排特別對味。此外，在法國，紅酒蒸淡菜一定會搭配薯條。

適合搭配的料理 > 大量撒在主菜上可為料理增添起司風味，享受起司和醬汁慢慢融合的味道變化，別有一番樂趣。

奶油炒馬鈴薯豌豆

材料（方便製作的分量）

馬鈴薯⋯1 顆

豌豆（水煮）⋯20 ～ 30g

洋蔥（切成薄片）⋯少許

奶油⋯少許

鹽、胡椒⋯各適量

1 馬鈴薯削皮，放入冷水中煮熟（或蒸熟）。瀝乾水分，用叉子搗碎。

2 奶油（分量外）放入鍋中加熱，加入洋蔥炒軟後（不上色），放入豌豆輕輕拌炒。

3 將 **1** 放入 **2** 中，加入少許奶油拌勻，撒上鹽與胡椒調味。

洋蔥煎炒香菇馬鈴薯

材料

馬鈴薯、洋蔥、香菇、奶油、鹽、胡椒

　⋯各適量（可依喜好調整用量）

1 馬鈴薯帶皮蒸熟（或放入水中煮熟）。稍微放涼後去皮。完全放涼後，切成 1cm 圓片。洋蔥與香菇切成薄片。

2 奶油放入平底鍋中加熱，起泡並冒出香氣後，放入 **1** 的洋蔥與香菇輕輕拌炒，炒至表面上色。

3 將 **1** 的馬鈴薯放入 **2**，煎炒至表面上色，撒上鹽與胡椒調味。

適合搭配的料理 > 初春的季節料理最佳，也適合搭配肉類或魚類。可用蠶豆或切成小段的蘆筍取代豌豆。

適合搭配的料理 > 與烤肉佐燉肉醬汁等肉類料理特別對味。可改用各種菇類取代香菇，如蘑菇或秀珍菇等。

洋蔥

將烤洋蔥放在盤子裡,放上番茄煮雞腿肉(請參照 p.133)。

烤洋蔥(圓片)

材料(方便製作的分量)

洋蔥⋯1 顆

植物油(或橄欖油。可依主菜調整)⋯適量

鹽、粗磨黑胡椒粒(或其他個人偏好的香料)⋯各適量

1 洋蔥去皮,橫切成 3 等分圓片。

2 將 **1** 排列在烤盤上,淋上植物油,放入 170 ～
180℃的烤箱,烤 10 ～ 15 分鐘(烤的時間依洋蔥狀
態調整)。

3 依喜好佐適量的鹽與粗磨黑胡椒粒。

將烤洋蔥放在盤子裡,
放上煎烤羊小排(請參照 p.132)。
淋上以小羊肉汁為基底製成的醬汁,
再佐上番茄莎莎醬(請參照 p.134)。

適合搭配的料理 > 各種料理與醬汁皆可。遇到洋蔥盛產期
時,這是最美味的烹調方法。切成圓片後,可將主菜放在洋
蔥上。或是將一層層的洋蔥拆成洋蔥圈也可以。

烤洋蔥（圓弧片）

材料（方便製作的分量）
洋蔥…1 顆
植物油（或橄欖油。可依主菜調整）…適量
鹽、粗磨黑胡椒粒（或其他個人偏好的香料）…各適量

1 洋蔥去皮，切成 6 ～ 8 等分圓弧片。
2 將 **1** 排列在烤盤上，淋上植物油，放入 170 ～
 180℃的烤箱，烤 10 ～ 15 分鐘（烤的時間依洋蔥狀
 態調整）。
3 依喜好佐適量的鹽與粗磨黑胡椒粒。

> **適合搭配的料理 >** 各種肉類、魚類料理或醬汁皆可。或是搭
> 配其他蔬菜也很美味。使用甜味和苦味較少的紅洋蔥（請參
> 照下方作法）時，最適合搭配紅酒製成的醬汁。

〈變化版〉

● **烤紅洋蔥**
紅洋蔥去皮後切成 6 等分
圓弧片，以繞圈方式淋上
植物油，按照上方作法
烤。依喜好佐適量的鹽與
粗磨黑胡椒粒。

烤三蔬（洋蔥、紅蔥頭、大蒜）

材料
洋蔥、紅蔥頭、大蒜…各適量

1 洋蔥與紅蔥頭帶皮縱切成兩半。大蒜保留薄皮，
 橫切成兩半或切成小片。
2 將 **1** 放入 160℃烤箱，烤 30 ～ 40 分鐘（烤的時間依
 食材狀態調整）。

> **適合搭配的料理 >** 帶皮烤能帶出香氣和甜味，適合搭配大塊
> 烤肉等可補充活力的主菜料理。可個別入菜，為料理增添風
> 味。

焗烤洋蔥

材料（方便製作的分量）

洋蔥⋯1 顆

植物油⋯適量

A（方便製作的分量）

┌ 麵包粉⋯30g

│ 帕瑪森起司（磨成粉。亦可使用格呂耶爾起司等個人偏好
│ 　的起司）⋯20g

│ 平葉巴西里（切碎）⋯少許

│ 大蒜（切碎）⋯少許

└ 鹽、胡椒⋯各適量

融化奶油⋯3 大匙

1 洋蔥去皮，橫切成 3 等分圓片。以繞圈方式淋上
植物油，放入 180℃烤箱，烤 10～15 分鐘。

2 拌勻 **A** 的帕瑪森起司、平葉巴西里與大蒜，加入
麵包粉再次拌勻，撒上鹽與胡椒。

3 將 **2** 放在 **1** 的上方，以繞圈方式分別淋上 1 大匙
融化奶油。放入 180℃烤箱，烤至表面上色。

適合搭配的料理 > 任何菜色皆可，也適合直接作蔬菜料理享
用。舉行派對時，端上滿滿一盤焗烤洋蔥，即是道豐盛的宴
客料理。

焗烤洋蔥蘑菇

材料（方便製作的分量）

洋蔥⋯1 顆

植物油⋯適量

煎炒蘑菇（請參照 p.10）⋯適量

1 洋蔥去皮，橫切成 3 等分圓片。以繞圈方式淋上
植物油，放入 180℃烤箱，烤 10～15 分鐘。

2 將煎炒蘑菇放在 **1** 的上方，放入 180℃烤箱，烤
至表面上色。

適合搭配的料理 > 任何菜色皆可，也適合直接作蔬菜料理享
用。

油封紅洋蔥

材料（方便製作的分量）

紅洋蔥（切成薄圓弧片，用手剝散）…1 顆

植物油（或奶油）…20cc

砂糖…10 ～ 20g

紅酒…2 大匙

紅酒醋…1 大匙

鹽、粗磨黑胡椒粒…各適量

1　植物油倒入鍋中加熱，放入紅洋蔥，以小火慢
　　炒，避免炒焦。分兩次加入砂糖與鹽，再次拌炒
　　（請依洋蔥甜味調整砂糖用量）。

2　加入紅酒煮沸，倒入紅酒醋，將鍋底焦渣刮起取
　　色（déglacer），轉小火慢煮至收乾。

3　撒上鹽調味，最後撒上粗磨黑胡椒粒。

＊在步驟 **1** 加入切成丁的蘋果或葡萄乾另有一番風味。

適合搭配的料理 > 牛肉、豬肉、鴨肉、油封料理、褐色醬汁
等味道強烈的食材與菜系皆可。這道油封紅洋蔥添加紅酒製
成，也很適合搭配野味料理。

擺盤範例

油封紅洋蔥做好後，
加入蜜棗乾一起熬煮。
鋪在盤底，放上煎烤雞腿肉（請參照 p.132）。
亦可淋上少量雞汁當成醬汁。

焦糖新洋蔥

材料（方便製作的分量）
新洋蔥*（切成 2cm 圓弧片，用手剝散）⋯1 顆
奶油、砂糖、鹽、白葡萄酒⋯各適量

1 奶油放入平底鍋加熱，放入新洋蔥慢慢炒軟。炒至上色後，撒上少許砂糖與鹽，加入少許奶油再炒一下。再次撒上少許砂糖與鹽，放入少許奶油續炒。

2 洋蔥炒至金黃色後，倒入白葡萄酒，加熱至酒精充分揮發。

＊ 譯註：日本每年初春 4～5 月盛產的早生種，形狀扁平柔軟，辣味較少。

奶油煮新洋蔥

材料（1 盤）
新洋蔥（切成薄圓弧片）⋯½顆
大蒜（切碎）⋯少許
白葡萄酒⋯少許
液態鮮奶油⋯30～40cc
奶油⋯適量
鹽、檸檬汁、粗磨黑胡椒粒⋯各適量

1 奶油放入鍋中加熱，起泡並冒出香氣後，放入新洋蔥以小火拌炒，避免炒焦。放入大蒜拌炒，新洋蔥炒熟後倒入少許白葡萄酒續煮。

2 差不多煮熟後，倒入液態鮮奶油翻拌均勻。以鹽與檸檬汁調味。

3 享用前撒上粗磨黑胡椒粒。

適合搭配的料理 > 肉類料理，尤其是小羊肉、牛肉或豬肉等油脂較多的肉類。搭配紅肉魚也很美味。

適合搭配的料理 > 肉類或魚類料理皆可。例如鋪在家常口味的漢堡排下方，就成了一道別有風味的創意料理。

將奶油煮新洋蔥鋪在盤底（不撒黑胡椒），
放上小羊肉餅（請參照 p.132）。
撒上酸豆與帕瑪森起司，
以繞圈方式淋上小羊肉汁製成的醬汁。
酸豆的酸味與帕瑪森起司的醇厚風味，
為整道料理增添層次。

四季豆

四季豆煎炒蘑菇

材料（方便製作的分量）
四季豆…10 ～ 15 根
蘑菇…2 ～ 3 個
奶油、鹽、胡椒…各適量

1 四季豆汆燙後，放入冰水冰鎮，瀝乾水分。切成
　一半長度。蘑菇切成薄片。
2 奶油放入平底鍋加熱，起泡並冒出香氣後，放入
　蘑菇，開大火拌炒。放入四季豆續炒（炒的速度要
　快），撒上鹽與胡椒調味。

適合搭配的料理 > 四季豆和肉類料理很對味，例如在烤肉
料理旁搭配大量四季豆。此外，這道菜也很適合單獨作下酒
菜，可充分享受蔬菜的清甜滋味。

松露風味四季豆

材料（方便製作的分量）
四季豆…10 ～ 15 根
松露…少許
法國油醋醬（請參照 p.135）、橄欖油…各適量

1 四季豆汆燙後，放入冰水冰鎮，瀝乾水分。松露
　切成細絲。
2 橄欖油倒入平底鍋加熱，放入 **1** 的四季豆快速拌
　炒，取出後加入松露和法國油醋醬拌勻。

適合搭配的料理 > 這是一道使用新鮮松露製成的高級配
菜。與肉類特別對味。搭配煎炒牛肉、雞肉或炸烤豬排，就
能讓普通家常菜晉升為高級料理。

擺盤範例

搭配煎烤牛肉（請參照 p.132），淋上以牛肉醬汁、小牛高湯為基底製成的醬汁。

＊照片中的糖煮紅蘿蔔，是將紅蘿蔔縱切成半，再依照下方作法煮熟。

紅蘿蔔

糖煮紅蘿蔔

材料（方便製作的分量）

紅蘿蔔…適量
奶油…10g
砂糖…10g
鹽…1撮

1 紅蘿蔔削皮，切成自己想要的形狀。照片由右至左為 1.5cm 塊狀、5mm 厚的斜片、橄欖球狀（先切成約 5cm 長，接著縱切成 4～6 等分圓弧形長條，再將表面削圓）等 3 種切法。切得愈小愈容易煮熟。

2 在鍋中倒入稍微蓋到紅蘿蔔表面的水量，放入奶油、砂糖與鹽。蓋上落蓋（亦可在鋁箔紙或烘焙紙中央開數個洞代替落蓋），開小火燉煮（不時翻動紅蘿蔔）。

3 水量煮至¼後試試味道，拿開落蓋，煮至水分收乾、紅蘿蔔表面出現光澤。

適合搭配的料理 > 與其他蔬菜一起組合，加上煎炒菠菜和炸馬鈴薯，就是道百搭的配菜。

奶油糖煮紅蘿蔔

材料

糖煮紅蘿蔔（請參照左方作法）、液態鮮奶油…各適量

糖煮紅蘿蔔放入鍋中，倒入稍微蓋到食材表面的液態鮮奶油，慢慢加熱，使紅蘿蔔均勻沾附鮮奶油。

＊若從生紅蘿蔔開始製作，奶油分量要比左方用量少一點，同樣小火慢燉。紅蘿蔔煮軟後，倒入液態鮮奶油燉煮，入味後再稍微調味。

適合搭配的料理 > 同左方說明。亦可撒上平葉巴西里或蝦夷蔥凝聚整體味道。

羅勒黑橄欖烤番茄

材料（1個）
番茄（小）…1顆
羅勒（切碎）…少許
大蒜（切碎）…少許
黑橄欖…1粒（切成一半。若有籽須先去除）
橄欖油、鹽…各適量

1　將番茄底部（蒂頭的另一邊）橫切掉¼。羅勒和大蒜加上少許鹽拌勻備用。

2　番茄切口朝上，放入烤盤。以繞圈方式淋上橄欖油，撒少許鹽，放入預熱至180℃的烤箱，烤5～6分鐘。取出番茄，在切口放上羅勒和大蒜。以繞圈方式淋上橄欖油，放回烤箱，再烤5～6分鐘。

3　放上黑橄欖。

＊烤的時間僅供參照。請依番茄種類與烤的熟度調整，只要中間烤熟即可（以下亦同）。

適合搭配的料理 > 番茄烤過會變甜，可搭配各種醬汁。適合搭配肉類或魚類料理，若搭配大分量料理，亦可選擇小一點的番茄，多放一些在旁邊點綴。

番茄

芝麻菜沙拉與烤番茄

材料（1個）
番茄（小）…1顆
芝麻菜…適量
橄欖油、鹽…各適量
紅酒醋淋醬（請參照p.135）…適量

1　將番茄底部（蒂頭的另一邊）橫切掉¼。

2　番茄切口朝上，放入烤盤。以繞圈方式淋上橄欖油，撒少許鹽，放入預熱至180℃的烤箱，烤15分鐘。

3　取出 **2** 的番茄，放上芝麻菜，佐上紅酒醋淋醬。

適合搭配的料理 > 放上新鮮芝麻菜，即可當沙拉享用。搭配番茄醬汁也很對味。

新鮮香草烤番茄

材料（1個）
番茄（小）…1顆
新鮮香草（迷迭香、百里香。稍微撕碎）…各½根左右
橄欖油、鹽…各適量

1 將番茄底部（蒂頭的另一邊）橫切掉¼。
2 番茄切口朝上，放入烤盤。以繞圈方式淋上橄欖油，撒少許鹽，放入預熱至180℃的烤箱，烤5～6分鐘。取出番茄，在切口放上迷迭香和百里香。以繞圈方式淋上橄欖油，撒少許鹽，放回烤箱，再烤10分鐘。

適合搭配的料理 > 帶有迷迭香和百里香的獨特香氣，很適合搭配肉類料理。

洋蔥烤番茄

材料（1個）
番茄（小）…1顆
洋蔥（切成薄圓片）…⅛顆
大蒜（切碎）…少許
平葉巴西里（切碎）…少許
麵包粉…少許
橄欖油、鹽…各適量

1 番茄切成6～7mm厚的圓片。
2 拌勻大蒜、平葉巴西里、麵包粉與鹽。
3 在慕斯圈內放入1片番茄，再放上2～3片洋蔥。重複交疊番茄和洋蔥。最後以繞圈方式淋上大量橄欖油，撒少許鹽。放入預熱至180℃的烤箱，烤10～15分鐘。烤的過程中番茄會釋出汁液，途中要不時將汁液淋在番茄上。
4 取出 **3**，拿開慕斯圈。放上 **2**，以繞圈方式淋上少許橄欖油，放回烤箱，再烤10分鐘，烤出漂亮的烤色。

＊請選擇比番茄大一圈的慕斯圈。不使用慕斯圈也可以，但過程中可能會散掉，請特別小心。

適合搭配的料理 > 無論單獨搭配主菜或直接享用都很出色。在中間夾入起司或鮪魚，吃起來更有飽足感。

煎烤蛋茄

材料

美國蛋茄 *（或義大利產大型茄子）…適量

奶油（或橄欖油）…適量

鹽、白胡椒…各適量

1 茄子切成 2cm 厚的圓片。
2 奶油（依搭配的主菜料理使用不同類型的油）放入平底
　鍋加熱，起泡後放入茄子，將兩面煎熟。撒上鹽
　與白胡椒。

＊譯註：原產於美國的品種。蒂頭呈綠色，易辨識。果肉結實
飽滿，耐煮的特性適合用來燉煮或煎烤。

> **適合搭配的料理 >** 油脂較多的食材、味道濃郁的醬汁和燉煮
> 料理。由於這種品種的茄子較大，擺盤時可將主菜放在茄子
> 上。

擺盤範例

茄子

將煎烤蛋茄放入盤中，
再放上紅酒燉牛頰肉（請參照 p.132）。

千層茄子

材料（1個）
美國蛋茄（或義大利產大型茄子）…½個
洋蔥…½顆
大蒜…1片
黑橄欖（若有籽須先去除）…2粒
橄欖油…適量
檸檬汁…少許
鹽、黑胡椒…各適量

1 洋蔥、大蒜、黑橄欖切碎。在平底鍋倒入稍多的橄欖油加熱，放入洋蔥與大蒜拌炒，撒上鹽與黑胡椒，放入黑橄欖拌勻。

2 茄子去皮，切成5mm的薄片，在剖面抹上橄欖油，撒上極少許鹽。

3 像三明治一樣將 **1** 夾入 **2**。淋上檸檬汁，以保鮮膜包緊，放入微波爐加熱。途中如保鮮膜膨脹，先暫停加熱，稍微放涼後再次微波加熱（視情況調整）。

4 茄子熟透後靜置放涼（或隔冷水降溫）。撕開保鮮膜，切成適當大小盛盤。

適合搭配的料理 > 番茄燉肉或番茄醬汁。撒上起司做成焗烤也很美味。

擺盤範例

義大利產大型茄子

搭配煎烤鯧魚（請參照 p.133）享用。
可依喜好拌勻番茄丁、檸檬汁、橄欖油、
鹽與胡椒，淋在魚和茄子上。

煎炒什錦茄

材料（方便製作的分量）
茄子（長茄、白長茄、綠長茄、水茄等）
　…正常大小的茄子 3 ～ 4 根
大蒜（切成薄片）…1 瓣
羅勒（粗略切碎）…少許
鹽、胡椒…各適量
炸油（植物油）…適量
橄欖油…適量

1 茄子切成滾刀塊，放入 170℃ 的油鍋快速炸過。
　瀝乾油分，撒上鹽。
2 將橄欖油和大蒜放入平底鍋加熱，讓油充滿大蒜
　香味。放入 1 的茄子快速拌炒，撒上鹽與胡椒。
3 離火，放入羅勒拌勻。

適合搭配的料理 > 即使只以茄子為配菜，不同顏色的茄子能
讓菜色看起來很豐盛。搭配肉類或魚類料理皆可。

炸長茄鑲彩椒

材料（1 根）
長茄…1 根
彩椒（黃 · 紅）…各⅛顆
黑橄欖（若有籽須先去除）…1 粒
橄欖油、鹽、胡椒…各適量
炸油（植物油）…適量

1 以牙籤在茄子外皮戳幾個洞，放入 170℃ 的油鍋
　炸熟。瀝乾油分。縱向切下一部分備用。
2 彩椒切碎。橄欖油倒入平底鍋加熱，放入彩椒拌
　炒，撒上鹽與胡椒。將 1 切下的茄子條也切碎，
　放入鍋中拌勻。
3 黑橄欖切碎，與 2 拌勻，鋪在 1 的茄子切口上。

＊可隨喜好添加帕瑪森起司、個人偏好的香草或番茄醬汁。

適合搭配的料理 > 善用長茄形狀的創意配菜，搭配以烤或煎
烤烹調的肉類、魚類等簡易料理，能營造出驚豔的效果。

炸長茄鑲彩椒
搭配煎烤牛肉（請參照 p.132）。
牛肉撒上黑胡椒增添風味。

不同品種的茄子

蛋茄鑲菜

材料（1個）

美國蛋茄（縱切對半）…1個

炸油（植物油）…適量

櫛瓜（切成 1.5cm 厚的圓片）…1 片

洋蔥（切成圓弧片）…⅛ 顆

番茄（帶皮切成圓片）…¼ 顆

大蒜（切成薄片）…少許

橄欖油…適量

鹽、胡椒…各少許

羅勒葉（或其他個人偏好的香草）…1 片

1 切成一半的茄子不削皮，挖出一部分的茄肉。放入 170℃的油鍋炸熟。

2 櫛瓜切成 1.5cm 塊狀。橄欖油和大蒜放入平底鍋加熱，放入櫛瓜和洋蔥拌炒，撒上鹽與胡椒。

3 番茄切成 1.5cm 塊狀，撒少許鹽與胡椒調味。

4 將 **2** 與 **3** 填入 **1** 的茄子凹洞。放上羅勒葉，以繞圈方式淋上稍微加熱過的橄欖油。

適合搭配的料理 > 海鮮料理。這道菜很有飽足感，可以搭配網烤章魚或長鰭鮪魚等簡易料理。

奶油煮茄子蘑菇

材料（方便製作的分量）

茄子…1 ～ 2 根

蘑菇…2 ～ 3 個

炸油（植物油）…適量

橄欖油、鹽、胡椒、液態鮮奶油…各適量

1 茄子去蒂，縱切對半，放入 170℃的油鍋炸熟。去皮切碎。

2 橄欖油倒入平底鍋加熱，放入縱切對半的蘑菇快速拌炒，撒上鹽與胡椒。放涼後切碎。

3 將 **1** 與 **2** 放回鍋中稍微加熱，倒入液態鮮奶油煮至收乾。撒上鹽與胡椒調味。

適合搭配的料理 > 可與其他配菜一起組合。搭配烤肉或煎烤魚類等料理皆可。

小黃瓜

擺盤範例

烤小黃瓜斜切成 3 等分，
與小黃瓜塔塔醬一起放在炸白肉魚
（請參照 p.134）旁。

烤小黃瓜
＋小黃瓜塔塔醬

材料（1 盤）

小黃瓜…1 根

小黃瓜塔塔醬（方便製作的分量）

┌ 小黃瓜…½ 根
　綠橄欖…2 粒
　蒔蘿…少許
　美奶滋…20g
　液態鮮奶油（或牛奶、原味優格）…少許
└ 鹽、胡椒…各適量

1 製作小黃瓜塔塔醬：小黃瓜切成 5～6mm 小丁，
橄欖和蒔蘿切成末。

2 將 **1** 的小黃瓜丁撒上少許鹽醃漬，拌入橄欖、蒔
蘿、美奶滋。撒上鹽與胡椒調味，倒入液態鮮奶
油調整濃度。

3 製作烤小黃瓜：切掉小黃瓜兩端，縱切對半，放
入烤爐烤。

適合搭配的料理 > 口感容易乾柴的炸魚，最適合搭配新鮮水
嫩的蔬菜。稍微烤出焦痕的小黃瓜滋味獨特。

櫛瓜

網烤與鹽水煮櫛瓜

＊使用「Zephyr」品種櫛瓜，黃綠相間的鮮豔色調是其特色所在。長到 10 ～ 15cm 即提早採收。

網烤櫛瓜

將 Zephyr 櫛瓜縱切對半，放入烤爐，將切口烤出焦痕。

鹽水煮櫛瓜

直接放入鹽水汆燙。

煎炒櫛瓜

（細絲、圓片、小丁）

材料

櫛瓜（綠‧黃）、橄欖油、鹽、胡椒⋯各適量

1 櫛瓜切成自己想要的形狀，照片中由上往下為切絲、5mm 厚的圓片、小丁狀。
2 橄欖油倒入平底鍋加熱，放入櫛瓜煎熟，避免燒焦。撒上鹽與胡椒調味。

＊可用大蒜增添橄欖油的香氣，或放入迷迭香稍加拌炒，增添獨特風味。

適合搭配的料理 > 利用其鮮豔色調，與其他蔬菜一起組合。除了肉類之外，搭配海鮮料理也很對味。

適合搭配的料理 > 海鮮料理。可搭配黃綠兩色櫛瓜，亦可與其他蔬菜組合，讓主菜看起來更美味。

玉米

煎炒櫛瓜

（長薄片）

材料

櫛瓜（綠・黃）、橄欖油、鹽…各適量

1 櫛瓜縱切成 4 ～ 5mm 厚。
2 橄欖油倒入平底鍋加熱，放入 1 煎熟，撒上鹽。

適合搭配的料理 > 切成長條的薄片，煎熟後捲起食用，或包絞肉、魚碎肉等餡料，變化菜色。

八潮鱒 * 蒸熟（或汆燙）後搗碎，
淋上紅酒醋淋醬（請參照 p.135）拌勻。
鋪在煎炒櫛瓜上，像壽司般捲起。
（亦可撒上切碎的松露一起享用）

＊譯註：經過品種改良的大型虹鱒。相比其他鮭科魚類的口感更軟嫩，突顯出魚肉原本的鮮味。

玉米薄餅

材料（方便製作的分量）

玉米粒（請參照下方作	蛋…1 顆
法）…135g	砂糖…1 撮
低筋麵粉…50g	鹽…少許
牛奶…70cc	植物油、奶油…各適量

1 玉米蒸熟後剝下玉米粒。將 100g 玉米粒放入攪拌機打成泥，35g 直接使用（或稍微壓碎）。
2 拌勻 1 的玉米泥與玉米粒、低筋麵粉、牛奶、蛋、砂糖與鹽。
3 將植物油和少許奶油放入平底鍋加熱，慢慢倒入適量的 2，將兩面煎熟。

適合搭配的料理 > 雞肉料理。在法國布瑞斯（Bress），當地居民吃雞肉料理時，經常搭配玉米薄餅。

搭配煎烤雞腿肉（請參照 p.132）一起盛盤，淋上以雞汁為基底製成的醬汁。

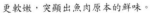

擺盤範例

擺盤範例

青花菜
白花菜

水煮青花菜
＋慕斯林醬

材料

青花菜…適量

慕斯林醬（方便製作的分量）

- 蛋黃…1 顆
- 澄清奶油（奶油加熱後上層的澄清液）…100g
- 液態鮮奶油…20cc
- 檸檬汁…少許
- 鹽、胡椒…各適量

1 青花菜分小朵，汆燙備用。
2 製作慕斯林醬：將蛋黃與少許水放入調理盆中，隔水加熱，以打蛋器充分打發，打出順滑質地。從盆緣分次加入溫熱的澄清奶油拌勻。再倒入溫熱的液態鮮奶油拌勻。撒上鹽、胡椒，淋上檸檬汁調味。
3 將 1 與 2 一起盛盤。

適合搭配的料理 > 蒸煮的蝦子、魚類、煎烤干貝等口味清淡的海鮮料理。同時與蘆筍、白花菜、蠶豆、豌豆等蔬菜也很對味。

奶焗青花菜

材料（方便製作的分量）

青花菜（大）…½株

液態鮮奶油…90cc

帕瑪森起司（磨成粉）…適量

大蒜（切碎）…½瓣

鹽、胡椒…各適量

麵包粉…適量

奶油…適量

1 在焗烤盤內側抹上薄薄一層奶油。
2 汆燙青花菜，瀝乾水分。滿滿地排入 1 的焗烤盤內。
3 拌勻液態鮮奶油、帕瑪森起司、大蒜、鹽、胡椒，試試味道稍加調整。以繞圈方式淋上 2，撒上麵包粉，放入 180℃的烤箱烤成金黃色。

適合搭配的料理 > 直接享用就很美味，亦可與其他蔬菜組合。搭配肉類或魚類料理皆適合。

水煮青花筍

材料

青花筍*…適量
鹽、橄欖油…各適量

在水中加入鹽和少許橄欖油，加熱煮沸後，放入青花筍汆燙，撈起瀝乾水分。

適合搭配的料理 > 青花筍可當青花菜使用，搭配任何料理皆可。淋上前頁介紹的慕斯林醬，不僅可搭配海鮮，與其他蔬菜一起享用也很美味。

〈變化版〉

● 青花筍 +煎炒番茄

番茄帶皮切小塊，橄欖油倒入鍋中加熱，放入番茄丁快速拌炒，撒上鹽調味。與水煮青花筍（請參照上方作法）一起盛盤。

* 譯註：青花筍（Broccolini）為青花菜與芥藍菜混種之新品種蔬菜。

檸檬漬白花菜

材料

白花菜（新鮮度佳）…適量
檸檬汁、鹽、胡椒、橄欖油、檸檬（切成薄片）…各適量

1　白花菜分小朵，縱切成 3 ～ 4mm 厚。
2　將 **1** 排在盤子上，均勻撒上鹽與胡椒，以繞圈方式淋上橄欖油。擠上檸檬汁，放上檸檬片裝飾。

適合搭配的料理 > 海鮮料理。

麵包粉烤白花菜

材料（方便製作的分量）
白花菜（分小朵）…5 朵
奶油…30g（依喜好調整用量，多一點較美味）
麵包粉…適量
鹽…少許

1 奶油放入平底鍋加熱，放入麵包粉拌炒，撒少許鹽。

2 將 **1** 均勻撒在白花菜上，放入 200℃烤箱（或上火烤箱），烤 5 ～ 6 分鐘。

網烤白花菜佐培根

材料
白花菜…適量
培根（5mm 小丁）…適量

1 白花菜分小朵，放在烤網上烤。

2 培根放入平底鍋炒香。

3 將 **2** 撒在 **1** 上。

適合搭配的料理 > 基本上任何料理皆可，但與肉類料理特別對味。

適合搭配的料理 > 與肉類料理最對味。若搭配魚類，建議選擇烤或網烤等簡單的烹調方式，再放上檸檬一起享用。

青椒、紅辣椒、彩椒

鰻魚風味小青椒

＊小青椒是苦味較淡，肉質較厚的品種。作法與其他品種的青椒、辣椒類相同。

材料

小青椒…適量

洋蔥、鰻魚…各少許

炸油（植物油）…適量

1　將小青椒直接放入油鍋炸。

2　洋蔥與鰻魚切碎。

3　拌勻 **1** 與 **2**。

網烤糯米椒

＊糯米椒是一種不辣的辣椒品種。作法與其他品種的青椒、辣椒類相同。

材料

糯米椒…適量

鹽…適量

將糯米椒放入烤爐烤，撒上適量鹽。

適合搭配的料理 > 煎肉、煎魚等簡易料理。

適合搭配的料理 > 網烤肉類、魚類或貝類料理皆可。

烤彩椒

以鋁箔紙包覆彩椒，放入160℃的烤箱，烤 20 ～ 30 分鐘。烤好後稍微放涼，去皮。

適合搭配的料理 > 烤彩椒與番茄最對味。放在烤雞肉、豬肉或海鮮旁，再淋上番茄醬汁即可。

擺盤範例

橄欖油倒入平底鍋加熱，放入一顆烤好的彩椒煎烤，淋上番茄醬汁（請參照 p.134）煮至濃稠狀，撒上鹽與胡椒調味。與煎烤土魠魚（請參照 p.133）一起盛盤，佐少許鰻魚。

涼拌彩椒佐黑橄欖醬

材料

烤彩椒（請參照左方作法。雙色）…適量

黑橄欖醬（方便製作的分量）

- 洋蔥（切碎）…2 大匙
- 黑橄欖（去籽、切碎）…1 大匙
- 蝦夷蔥（切碎）…適量
- 橄欖油…1 大匙
- 鹽、胡椒…各適量

1 烤好的彩椒縱切成兩半，再切成 1.5cm 寬，放入盤裡。

2 拌勻黑橄欖醬的材料，淋在 **1** 上。

適合搭配的料理 > 海鮮料理。無論是與口感細緻的干貝或味道獨特的烏溜魚都很對味。亦可搭配肉類料理。

〈變化版〉

將烤彩椒（請參照前頁作法）切成 1cm 塊狀，
在鍋中倒入橄欖油，再放入烤彩椒稍微加熱，
撒上鹽與胡椒。
將彩椒鋪在盤裡，放上網烤干貝（請參照 p.134），
淋上黑橄欖醬享用（請參照前頁作法）。

綠蘆筍

網烤綠蘆筍

材料（方便製作的分量）

綠蘆筍…3 根

切達起司（或其他個人偏好的起司）…適量

岩鹽、胡椒粒…各適量

1 綠蘆筍縱切對半，放入烤爐烤出焦痕。

2 以刨刀將切達起司削成薄片，與 **1** 一起盛盤。撒上岩鹽和搗碎的胡椒粒。

＊淋上 E.V. 橄欖油更美味。

檸檬奶油醬拌綠蘆筍佐馬鈴薯

材料（方便製作的分量）

綠蘆筍…3 根

馬鈴薯…½ 顆

澄清奶油（請參照 p.40）、檸檬汁、鹽、胡椒、黑胡椒
　…各適量

1 綠蘆筍汆燙後瀝乾水分，馬鈴薯蒸熟後去皮，一起放入盤子裡。

2 溫熱的澄清奶油加入少許檸檬汁，撒上鹽與胡椒調味。以繞圈方式淋在 **1** 上，撒上黑胡椒。

適合搭配的料理 > 綠蘆筍的形狀可創造出搶眼的擺盤效果。可以選用個人偏好的起司替代切達起司。

適合搭配的料理 > 這道配菜無論形狀和顏色搭配都很有特色，可將主菜的魚或肉做小份一點，或是作時令蔬菜料理單獨享用也很不錯。

焗烤綠蘆筍

奶油煮綠蘆筍

材料（方便製作的分量）

細綠蘆筍…20 根

奶油…10g

白葡萄酒…20cc

液態鮮奶油…50cc

鹽、胡椒、檸檬汁…各適量

1 奶油放入鍋中加熱融化，以小火拌炒細綠蘆筍。

2 倒入白葡萄酒與稍微蓋到食材表面的液態鮮奶
  油，稍微煮一會兒。撒上鹽、胡椒、檸檬汁調味
  （煮太久顏色會變，請特別小心）。

適合搭配的料理 > 烤或煎烤的肉類或魚類料理。

材料（方便製作的分量）

綠蘆筍…8 根

液態鮮奶油…40cc

大蒜（切成碎末）…⅓瓣

鹽、胡椒…各適量

帕瑪森起司（磨成粉）…10g

1 綠蘆筍汆燙後瀝乾水分。

2 大蒜倒入液態鮮奶油拌勻，撒上鹽與胡椒調味。

3 將 1 放入耐熱容器，淋上 2、撒上帕瑪森起司。
  放入上火烤箱或預熱至 200℃以上的烤箱，烤至
  表面上色。

適合搭配的料理 > 烤或煎烤的肉類或魚類料理。

擺盤範例  搭配煎烤雞腿肉
（請參照 p.132）一起盛盤。

芥末白醬煮綠蘆筍蘑菇

在盤底鋪滿芥末白醬煮綠蘆筍蘑菇，
放上煎烤干貝（請參照 p.134）。

材料（方便製作的分量）

綠蘆筍…2～3 根

蘑菇…4～5 個

奶油…10g

白葡萄酒…20cc

第戎芥末醬…1 小匙

液態鮮奶油…40～50cc

鹽、胡椒…各適量

1 綠蘆筍汆燙，瀝乾水分，斜切成 1cm 寬。

2 蘑菇切成 5mm 厚的片狀。奶油放入鍋中加熱，
放入蘑菇拌炒，倒入白葡萄酒，再放入芥末醬。
加入 **1** 的綠蘆筍拌勻。

3 倒入液態鮮奶油快煮一下，撒上鹽與胡椒調味。

擺盤範例

適合搭配的料理 > 這道菜可以發揮配菜與醬汁的作用，與烹
調方式單純的海鮮或肉類料理最對味。

苦苣沙拉

苦苣

材料

苦苣…適量

鹽、胡椒、E.V. 橄欖油、檸檬汁…各適量

苦苣切成細長條,拌入鹽與胡椒盛盤。淋上適量 E.V. 橄欖油與檸檬汁。

適合搭配的料理 > 魚類料理,尤以醃漬鮭魚或煎烤鮭魚最對味。

擺盤範例	連同煎烤八潮鱒

連同煎烤八潮鱒（請參照 p.133。將八潮鱒切成塊狀後煎熟）一起盛盤。檸檬皮磨成泥,撒在上面。

焗烤苦苣

材料（2 個）

苦苣… 1 顆

檸檬汁、檸檬（切塊）…各適量

麵包粉…適量

帕瑪森起司（磨成粉）…少許

平葉巴西里（切碎）…少許

大蒜（切碎）…少許

鹽、胡椒…各適量

1　在熱水中加入檸檬汁和檸檬塊,放入整顆苦苣煮 10 ～ 15 分鐘。放涼後瀝乾水分。

2　拌勻麵包粉、起司、平葉巴西里與大蒜,撒上鹽與胡椒。

3　將 **1** 的苦苣縱切對半,在切口放上 **2**。放入上火烤箱或預熱至 200℃的烤箱,烤出焦痕。

適合搭配的料理 > 肉類或魚類料理皆可。與珠雞、鴨肉的料理也很搭。

高麗菜

高麗菜溫沙拉

材料（方便製作的分量）
高麗菜（或紫高麗菜）…⅙〜¼顆
鹽…少許
美奶滋…少許

1 高麗菜（或紫高麗菜）切成絲。
2 將 **1** 鋪在烤盤上，放入 160℃的烤箱，烤 4〜5 分鐘（保留高麗菜的清脆口感）。撒少許鹽。
3 在 **2** 中拌入少許美奶滋。

蒸煮紫高麗菜

材料（方便製作的分量）
紫高麗菜…¼顆　　　　　蜂蜜…1 大匙
大蒜（連同薄皮一起壓　　紅酒…2 大匙
　扁）…1 瓣　　　　　　植物油…適量
培根…1 片（20g）　　　鹽、胡椒…各適量

1 紫高麗菜切絲後撒上鹽。
2 在鍋中倒入植物油，放入大蒜與培根，炒出香氣後放入 **1** 拌炒。
3 蜂蜜倒入 **2**，均勻沾附食材，倒入紅酒蒸煮。入味後取出培根，撒上鹽調味，最後撒上胡椒。

適合搭配的料理 > 取代一般常見的高麗菜絲佐醬汁，這道特別的配菜最適合搭配可樂餅、炸魚、炸肉、烤肉等料理。

適合搭配的料理 > 享用油封鴨肉或豬肉等油脂較多的料理時，這是最合適的配菜。

將蒸煮紫高麗菜放入陶鍋等容器中，
再放入烤鴨腿肉（請參照 p.133）蒸烤，
完成後一起盛盤。

＊亦可以油封方式烹煮鴨肉。

擺盤範例

一片片剝下蒸煮高麗菜（選葉片較大的高麗菜）輕輕捲起，放上煎烤羊小排（請參照 p.132），淋上以小羊肉汁為基底製成的醬汁。

培根風味蒸煮高麗菜

材料（方便製作的分量）
高麗菜（切成圓弧片）…⅛顆
雞清湯（事先稀釋）…適量
大蒜…½瓣
培根（切片）…1 片
鹽、胡椒…各適量

1 高麗菜放入鍋中，倒入稀釋過的雞清湯（必要時可加水），分量要稍微低於食材。加入大蒜與培根，開火加熱。
2 待 **1** 溫熱之後，蓋上鋁箔紙，放入 160℃的烤箱，烤 15 分鐘（過程中不時舀起鍋裡的湯汁，澆淋在高麗菜上）。
3 高麗菜烤軟後，撒上鹽與胡椒調味。取出培根，將高麗菜盛盤。

適合搭配的料理 > 烤或煎烤的肉類料理，淋上以肉汁製成的醬汁更佳。

蘑菇高麗菜捲

材料（方便製作的分量）
高麗菜葉…2 片
洋蔥…少許
蘑菇…2～3 個
植物油…適量
雞清湯…適量
鹽…少許

1 高麗菜葉快速汆燙，撈起瀝乾水分。洋蔥與蘑菇切成薄片。
2 植物油倒入平底鍋中，放入洋蔥仔細拌炒，避免燒焦。放入蘑菇拌炒，倒入少許清湯拌勻。
3 攤開 **1** 的高麗菜葉，撒少許鹽。將 **2** 放在中間，從芯的部分往內捲起。
4 在鍋中倒入 **3** 與稍微蓋到食材表面的清湯，快煮一下即可撈起，保留高麗菜的爽脆口感。

適合搭配的料理 > 烤或煎烤的肉類料理，淋上以肉汁製成的醬汁更佳。

奶油煮高麗菜

材料（1 盤）

高麗菜葉（選內側的葉片）…3～4 片

大蒜（切碎）…½瓣

奶油…10g

雞清湯…30cc

液態鮮奶油…40～50cc

帕瑪森起司（磨成粉）…適量（依喜好）

鹽…適量

1 汆燙高麗菜葉，瀝乾水分。

2 奶油放入鍋中加熱，放入 **1** 拌炒。接著放入大蒜炒勻。

3 倒入雞清湯煮一會兒，讓高麗菜充分吸收雞湯鮮味。倒入液態鮮奶油燉煮。收乾後加入一撮起司融化。撒上鹽調味。

適合搭配的料理 > 雞肉、豬肉、魚類或貝類料理皆可。

擺盤範例

將奶油煮高麗菜鋪在盤裡，
放上煎炸雞肉（請參照 p.133），
均勻撒上切碎的平葉巴西里。

搭配煎炸白肉魚（鱸魚，請參照 p.134）一起享用。

擺盤範例

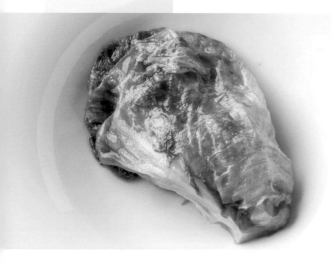

萵苣

蒸煮萵苣

材料（方便製作的分量）
萵苣⋯½顆
雞清湯⋯適量
橄欖油⋯少許
鹽、胡椒⋯各適量

1 煮一鍋熱水，滾沸後滴入少許橄欖油。放入萵苣（若葉片較大請縱切對半），煮 2 ～ 3 分鐘。

2 撈起萵苣，瀝乾水分，移至另一個鍋中，倒入稍微蓋到食材表面的雞清湯。開火加熱，過程中撒上鹽與胡椒，煮至水分收乾。

奶油煮萵苣

材料（方便製作的分量）
萵苣⋯½顆
液態鮮奶油⋯適量
辣根（磨成泥）⋯適量
橄欖油、檸檬汁、鹽、胡椒⋯各少許

1 煮一鍋熱水，滾沸後滴入少許橄欖油。放入萵苣（若葉片較大請縱切對半），煮 2 ～ 3 分鐘。

2 撈起萵苣，瀝乾水分，移至另一個鍋中。倒入液態鮮奶油拌勻，加入辣根，蓋上鍋蓋慢慢蒸煮。

3 滴入少許檸檬汁，撒上鹽與胡椒調味。

適合搭配的料理 > 海鮮料理。

適合搭配的料理 > 海鮮料理。或是佐以雞肉、小牛胸腺等主菜，再淋上以肉汁為基底調製的醬汁。

長蔥
韭蔥

網烤長蔥

材料（方便製作的分量）
長蔥…2 根
橄欖油、鹽…各適量

1 長蔥切成適當長度，放在網架上或烤爐裡烤。
2 烤熟後盛盤，淋上橄欖油，撒上鹽。

適合搭配的料理 > 可整根或切成小段盛盤，適合搭配味道濃郁、用料豐盛的料理。

焗烤長蔥

材料（方便製作的分量）
長蔥…2 根
生火腿…1 片
帕瑪森起司（磨成粉）…1 撮
大蒜（切碎）…少許
E.V. 橄欖油…適量

1 長蔥切成一半長度，放入水中煮軟。生火腿撕成小片。
2 將 **1** 的長蔥與生火腿鋪滿耐熱容器，以繞圈方式淋上 E.V. 橄欖油。均勻撒上大蒜與帕瑪森起司粉，放入上火烤箱或預熱至 200℃ 以上的烤箱，烤至表面出現焦痕。

適合搭配的料理 > 可直接作蔬菜料理享用，亦可搭配其他食材，可說是百搭菜色。

搭配煎烤八潮鱒或煎烤鮭魚（請參照 p.133）一起享用。

擺盤範例

奶油煮長蔥

材料（方便製作的分量）

長蔥…2 根

牛奶…60cc

液態鮮奶油…60cc

鹽、帕瑪森起司（磨成粉）…各少許

檸檬汁…2 ～ 3 滴

1 長蔥切成適當長度，燙煮後瀝乾水分。

2 在鍋中放入 1 的長蔥，倒入稍微蓋到食材表面的牛奶與液態鮮奶油，開火加熱。

3 長蔥煮熟後，撒上一撮起司粉，加鹽與檸檬汁滾沸一下即可關火。

適合搭配的料理 > 海鮮料理。

奶焗長蔥

材料（方便製作的分量）

長蔥（或韭蔥）…1 根

番茄（切小丁）…適量

液態鮮奶油…60cc

大蒜（切碎）…½ 瓣

帕瑪森起司（磨成粉）…30g

鹽、胡椒、奶油…各適量

1 在耐熱容器內側抹上一層薄薄的奶油。

2 長蔥放入水中煮軟（硬度可依喜好調整，可煮至軟爛，亦可保留清脆口感），瀝乾水分。

3 將 2 的長蔥切成長段，長度與耐熱容器等長，排入容器裡，撒上番茄丁。

4 拌勻液態鮮奶油、大蒜與起司，撒上鹽和胡椒調味。以繞圈方式淋上 3，放入 180℃的烤箱，烤至表面出現焦痕。

適合搭配的料理 > 烤或煎烤的肉類或海鮮料理。

擺盤範例

淡菜以白葡萄酒燜蒸，
將肉取出，
連同酒醋煮韭蔥一起盛盤，
淋上少許淡菜湯汁。

檸檬風味涼拌西芹、小黃瓜與韭蔥

材料（方便製作的分量）

西芹莖部…1 根　　　　橄欖油…適量

姬小黃瓜*…1 根　　　　檸檬汁、鹽、蒔蘿、

韭蔥嫩苗…1 根　　　　檸檬皮…各少許

1 將西芹和姬小黃瓜切成斜片，並配合其長度，將韭蔥切成適當大小。

2 將 **1** 放入鍋中，倒入稍微蓋到食材表面的水，快煮一下，保留蔬菜的爽脆口感。

3 以繞圈方式淋上橄欖油，擠入檸檬汁，撒上鹽拌勻。

4 將 **3** 盛入盤裡，放上蒔蘿裝飾。將檸檬皮磨成碎屑，取少量撒在盤裡。

*譯註：長度只有一般小黃瓜的一半（約 14～15cm），皮軟味甜，適合生吃或淺漬。

適合搭配的料理 > 燉煮魚類，尤其是肉質細緻的鱒魚等淡水魚類。

酒醋煮韭蔥

材料（方便製作的分量）

韭蔥…½ 根

大蒜…1 瓣

橄欖油…適量

紅酒醋…1～2 大匙

鹽、胡椒…各適量

1 韭蔥縱切成一半。

2 在平底鍋中放入橄欖油和壓扁的大蒜，開火加熱，放入 **1** 的韭蔥稍微煎過。

3 倒入紅酒醋，刮底取色（déglacer），蓋上落蓋（亦可取一張烘焙紙，中間剪開數個洞，放在食材上當落蓋使用），倒入少許水，轉小火慢燉。撒上鹽與胡椒調味。

適合搭配的料理 > 酒蒸淡菜、烤牡蠣或煎干貝等貝類料理皆可。

〈變化版〉

● 煎烤白菜

將蒸煮白菜的水分充分瀝乾。在平底鍋中倒入植物油，放入大白菜煎出焦痕。

搭配水煮法蘭克福香腸。

大白菜

蒸煮大白菜

材料（1 盤）

大白菜（切成圓弧片）…⅛株

雞清湯…適量

＊若能一次烹煮一定分量，大白菜會更入味。

大白菜放入鍋中，倒入稍微好蓋到白菜表面的雞清湯，放入中間開洞的烘焙紙當落蓋。開小火將大白菜燉軟。

擺盤範例

適合搭配的料理 > 搭配味道獨特的香腸、燙豬肉、鹽漬豬肉等都很對味。表面有焦痕的大白菜（請參照右上作法），也很適合搭配煎五花肉。

擺盤範例

搭配煎烤小羊肉
（請參照 p.132），
以繞圈方式淋上以小羊肉汁為
基底製成的醬汁，
撒上松子增添風味。

菠菜

春菊（日本茼蒿）

番茄煮大白菜

材料（1 盤）

大白菜（切成圓弧片）⋯⅛株

番茄醬汁（濃度較淡的為佳。如原有醬汁較為濃稠，可加水稀
釋）⋯適量

培根（碎末亦可）⋯少許

＊若能一次烹煮一定分量，大白菜會更入味。

在鍋中放入大白菜，倒入稍微蓋到白菜表面的番茄
醬汁，加入培根，蓋上鍋蓋。開小火將大白菜燉軟。

＊培根的作用在於增加鮮味與香氣，盛盤時可拿掉。

煎炒菠菜

材料

菠菜⋯適量

橄欖油⋯適量

大蒜（壓扁或切成薄片）⋯適量

鹽⋯適量

1 菠菜洗淨後，均勻撒上少許鹽。
2 將橄欖油和大蒜放入平底鍋中加熱，爆香後放入
 1 的菠菜，快速拌炒。加入少許水，立刻蓋上鍋
 蓋，開大火燜炒一下。

適合搭配的料理 > 燙豬肉或紅肉魚、青背亮皮魚類等料理皆
可。

適合搭配的料理 > 這道菜的作法可充分突顯菠菜香氣，最適
合搭配菲力牛排、煎烤小羊肉、烤鹿肉等肉類料理。與干貝
等海鮮食材也是最佳組合。

奶油煮菠菜

材料（方便製作的分量）

菠菜…1 把

洋蔥（切碎）…⅛顆

液態鮮奶油…40 ～ 50cc

奶油…10g

白醬（如需要再加）…少許

核桃…少許

鹽、胡椒…各適量

1 菠菜汆燙後充分瀝乾水分，切碎備用。

2 奶油放入鍋中加熱，放入洋蔥，轉小火仔細拌
炒，避免燒焦。

3 將 1 的菠菜加入 2 裡，倒入稍微蓋到食材表面的
液態鮮奶油，燉煮一會兒（可倒入少許白醬，增加濃
稠度）。撒上鹽和少許胡椒調味，胡桃切碎撒在上
方。

適合搭配的料理 > 肉類或海鮮料理皆可。或是與其他蔬菜一
起享用也很美味。

奶油煮春菊

材料（方便製作的分量）

春菊…1 把

大蒜（帶皮壓扁）…½瓣

奶油…10g

液態鮮奶油…40cc

松子…適量

鹽、胡椒…各適量

1 奶油和大蒜放入鍋中加熱，放入春菊拌炒。取出
春菊，切碎備用。

2 將 1 放回鍋中，倒入稍微蓋到食材表面的液態鮮
奶油，放入松子燉煮至收乾。撒上鹽與胡椒調味。

適合搭配的料理 > 魚類料理。

白蘿蔔

焦糖蘿蔔

材料（方便製作的分量）

白蘿蔔…360g

洋蔥…80～120g（依喜好調整）

奶油（或奶油＋植物油）…30～40g

砂糖…30～40g

鹽…適量

柳橙汁（或市售100％柳橙汁）…¼顆

1 洋蔥縱切成較厚的圓弧片。白蘿蔔配合洋蔥長度切成楔形。

2 將一半的奶油（或奶油＋植物油）放入鍋中加熱，起泡並冒出香氣後，放入白蘿蔔拌炒。稍微上色後放入洋蔥仔細拌炒，全部炒熟後，加入一半的砂糖和少許鹽拌炒均勻。放入剩下的奶油和砂糖，撒少許鹽，試試味道稍加調整，將食材炒至焦糖化。

3 倒入少許柳橙汁加熱，適度調味。

＊可依喜好加入磨成碎屑的柳橙皮，更加提升柳橙香氣。

適合搭配的料理 > 豬肩胛肉、小羊肉，或鯖魚、沙丁魚等青背亮皮魚類皆可。

擺盤範例

將焦糖蘿蔔鋪在盤底，
放上一塊煎烤小羊肉
（請參照 p.132）。
淋上以小羊肉汁為基底製成的醬汁，
放上平葉巴西里裝飾。

奶油煎烤白蘿蔔

清湯煮白蘿蔔

材料

白蘿蔔…適量

雞清湯（濃度較淡）、鹽…各適量

1　白蘿蔔削皮，切成自己想要的形狀（依喜好切成塊狀或圓片皆可）。

2　將 **1** 的白蘿蔔放入鍋中，倒入稍微蓋過食材的雞清湯（如需要可加水），撒少許鹽，轉小火慢慢煮軟。

材料

清湯煮白蘿蔔（請參照左方作法。切成圓片）、奶油

　…各適量

奶油放入平底鍋加熱，起泡並冒出香氣後，放入清湯煮白蘿蔔，將兩面煎成金黃色。

適合搭配的料理 > 味道濃郁的料理，例如豬、牛的燉五花肉等。

擺盤範例

將奶油煎烤白蘿蔔用刀修圓，
放在盤裡，放上紅酒燉牛頰肉（請參照 p.132），
撒上粗磨黑胡椒粒。

適合搭配的料理 > 搭配燉煮雞肉、牛肉、豬肉最能襯托食材風味。

燉煮帶骨雞腿（請參照 p.133）
淋上春菊美奶滋（請參照 p.135），
佐上切成塊狀的清湯煮白蘿蔔。

將醃漬鮮蕪菁鋪在盤底，
擺上切成塊狀的醃漬八潮鱒
（或鮭魚）與干貝（請參照
p.134）撒上蒔蘿裝飾。
（亦可放上蕪菁葉裝飾）

蕪菁

網烤蕪菁

材料
蕪菁…½顆
橄欖油…適量
鹽…少許

蕪菁帶皮切成一半，表面淋上橄欖油，放在網架上
烤。撒少許鹽。

醃漬鮮蕪菁

材料（方便製作的分量）
蕪菁…1 顆
蕪菁葉（汆燙並瀝乾水分）…少許
E.V. 橄欖油、檸檬汁…各適量
鹽、胡椒…各適量

1 蕪菁縱切成 2 ～ 3mm 厚（視情況決定是否去皮），
　撒上少許鹽，淋上檸檬汁拌勻，稍微靜置一下。
2 擦乾 1 的蕪菁釋出的水分，排在盤裡，放上蕪菁
　葉裝飾。
3 以 1：1 的比例調和 E.V. 橄欖油與檸檬汁，撒上鹽
　與胡椒調味，以繞圈方式淋在 2 的蕪菁上。

適合搭配的料理 > 煎肉、煎魚、粉煎魚加奶油醬、番茄燉肉
等料理皆可。烤出焦痕更能突顯蔬菜香氣，加強視覺感受。

適合搭配的料理 > 可鋪在醃漬海鮮或義式冷盤「carpaccio」
的底部。

擺盤範例

奶油煮蕪菁鋪在盤裡，
擺上煎烤干貝
（請參照 p.134），
放上蕪菁葉裝飾。

奶油煮蕪菁

材料（方便製作的分量）

蕪菁…2 顆

蕪菁葉（汆燙並瀝乾水分）…適量

白醬…50cc

液態鮮奶油（調整濃度用）…30 ～ 40cc

鹽、胡椒…各適量

檸檬汁…少許

1 蕪菁去皮，切成 1cm 塊狀，放入水中煮軟（不要
   煮到碎爛）。蕪菁葉也汆燙一下，撈起瀝乾水分。

2 將 1 的蕪菁放入鍋中，倒入稍微蓋到食材表面的
   白醬加熱。倒入液態鮮奶油調整濃度，撒上鹽與
   胡椒，淋上檸檬汁調味。

3 連同 1 的蕪菁葉一起盛入盤裡。

奶油煮蕪菁馬鈴薯

材料（方便製作的分量）

蕪菁（大）…1 顆

蕪菁葉…少許

馬鈴薯（「五月皇后」品種）…½ 顆

液態鮮奶油…適量

鹽、胡椒、檸檬汁…各適量

1 蕪菁去皮，切成圓弧片，放入水中汆燙。蕪菁葉
   汆燙後切碎。

2 馬鈴薯帶皮蒸熟後去皮，以叉子搗碎。

3 將 1 的蕪菁和 2 放入鍋中，倒入稍微蓋到食材表
   面的液態鮮奶油燉煮至收乾。放入蕪菁葉，撒上
   鹽與胡椒，淋上檸檬汁調味。

適合搭配的料理 > 與海鮮料理特別對味。

適合搭配的料理 > 肉類或魚類料理皆可。

牛蒡

焦糖牛蒡

材料（方便製作的分量）

牛蒡…1～2根

奶油…20g

砂糖…15g

巴薩米克醋…1～2大匙

雞清湯…少許

鹽…適量

1 牛蒡去皮，削成形狀像竹葉一樣的薄片。放入滾沸的熱水中煮熟，撈起瀝乾水分。

2 奶油放入鍋中加熱，放入 **1** 的牛蒡拌炒，收乾水分。加砂糖炒勻，以繞圈方式淋上巴薩米克醋，讓酸味揮發。

3 所有食材炒勻後，倒入少許雞清湯，收乾水分。待牛蒡表面出現光澤後，撒上鹽調味。

適合搭配的料理 > 這道配菜的風味不輸給特色食材與味道濃郁的料理，搭配牛肉、鹿肉、山豬肉等野味料理，更能突顯原有美味。

炸牛蒡

材料

牛蒡…適量

鹽…少許

炸油（植物油）…適量

1 牛蒡去皮，切成 6～8cm 長的細絲。

2 將 **1** 放入 180℃油鍋中稍微炸過。瀝乾油分，撒少許鹽大致拌勻。

適合搭配的料理 > 同左方說明，與味道強烈的肉類料理特別對味。

牛蒡鮮奶燉蛋

材料（方便製作的分量）

牛蒡泥（請參照下方作法）…190g

液態鮮奶油…20cc

牛奶…70cc

蛋…100g

鹽…適量

＊上述分量僅供參照，請依牛蒡用量調整。

牛蒡泥（方便製作的分量）

┌ 牛蒡…180g
└ 雞清湯…250cc

牛蒡削皮，放入水中煮軟。切成適當大小，與雞清湯一起放入攪拌機中打成泥。

1 將牛蒡泥與其他材料放入攪拌機，打至順滑。

2 將 **1** 倒入容器，蒸 20 分鐘左右（如使用旋風式蒸氣烤箱，請以 85℃蒸烤 15 ～ 20 分鐘）。

擺盤範例

適合搭配的料理 > 可在成品上方放烤白子、小牛胸腺或雞柳等口感細緻的料理，再淋上西式高湯或奶油醬汁。

將打好的材料倒入中間有凹洞的盤子，
蒸好後，放上烤鱈魚白子＊（請參照 p.134），
再倒入雞湯。

＊譯註：鱈魚精巢。

蓮藕

清湯燉蓮藕

材料（方便製作的分量）

蓮藕…80g

洋蔥…30g

香菇…1 朵

橄欖油、雞清湯、鹽、胡椒…各適量

1 蓮藕去皮，切成較小的滾刀塊。洋蔥切成薄片。香菇切小塊。

2 橄欖油倒入鍋中加熱，放入 1 拌炒。倒入稍微蓋到食材表面的雞清湯，轉小火煮至水分收乾。撒上鹽與胡椒調味。

適合搭配的料理 > 與牛肉、豬肉等肉類特別對味。若使用以肉汁為基底的醬汁，要充分拌勻。

烤蓮藕

材料（1個）

蓮藕（5〜6cm 厚的圓片）…1 個

洋蔥（切碎）…少許

春菊奶油（請參照下方作法）…30g

起司絲…適量

鰻魚（切碎）…少許

麵包粉…適量

核桃（搗碎）…少許

橄欖油、鹽、黑胡椒…各適量

● 春菊奶油

春菊（葉）…適量

奶油…適量　＊春菊與奶油的使用比例約為 1：1

鹽、胡椒…各適量

春菊葉汆燙後切碎，與回溫至室溫的奶油充分拌勻。撒上鹽與胡椒調味。

1 切成 5〜6cm 厚的蓮藕圓片去皮，放入水中煮軟。

2 橄欖油倒入平底鍋加熱，放入切碎的洋蔥仔細拌炒，避免燒焦。

3 充分拌勻春菊奶油、起司絲、鰻魚、2 的洋蔥、麵包粉與核桃，撒上鹽和黑胡椒調味。

4 將 3 填入 1 的蓮藕孔洞裡，放入 180℃ 的烤箱，烤 15 分鐘至表面上色。

適合搭配的料理 > 肉類料理。搭配蠑螺、法式田螺也別有一番風味。直接享用也是一道品味卓絕的蔬菜料理。

醋漬土當歸

材料

白土當歸⋯適量

醋漬液（方便製作的分量）

- 醋（選擇個人偏好的產品）⋯100cc
- 水⋯400cc
- 鹽⋯20g～
- 胡椒⋯適量
- 大蒜（去皮後縱切對半）⋯1瓣
- 紅辣椒⋯1根
- 月桂葉⋯1片
- 蒔蘿⋯適量

＊依喜好調整醋漬液的味道強度。

1 製作醋漬液：將蒔蘿之外的所有材料放入鍋中煮沸，放涼後再放入蒔蘿。

2 土當歸去皮，切成適當大小。放入醋漬液中浸泡1～3天（依喜好調整）。

適合搭配的料理 > 可當作享用肉類時去油膩的小菜，用法與醋漬小黃瓜相同。

辣根醬拌土當歸片

材料

白土當歸⋯適量

檸檬汁⋯少許

辣根醬（方便製作的分量）

- 辣根（磨成泥）⋯15～25g
- 液態鮮奶油（打發至七分）⋯50g
- 檸檬汁⋯適量
- 鹽⋯少許

1 拌勻辣根醬的所有材料。

2 以削皮器將土當歸削成薄片，浸泡在加了檸檬汁的水中。瀝乾水分，加入 **1** 的辣根醬拌勻。

適合搭配的料理 > 煎烤干貝或白肉魚等味道清淡的料理。

土當歸

擺盤範例

連同煎烤干貝（請參照 p.134）
一起盛盤，
淋上辣根醬與磨成碎屑的檸檬皮。

蒸煮土當歸

材料（方便製作的分量）
白土當歸…1～2片
大蒜（壓扁）…1瓣
雞清湯…約90cc
培根（切小段）…約30g
橄欖油…15～20cc
鹽、胡椒…各適量

1 橄欖油倒入平底鍋加熱，放入壓扁的大蒜、切成
   適當長度的土當歸、培根煎熟。
2 倒入稍微蓋到 **1** 的食材表面的雞清湯，蓋上落蓋
   （或使用中間開洞的烘焙紙等）。轉小火，燉煮至水分
   收乾。煮的過程中，如有需要可加水。撒上鹽與
   胡椒調味。

炸土當歸

材料
白土當歸…適量
鹽…少許
炸油（植物油）…適量

1 依喜好將土當歸切成適當形狀（可切成斜片或圓片。
   若有葉子也一併使用）。
2 將 **1** 放入180℃的油鍋中稍微炸過。瀝乾油分，撒
   少許鹽，快速拌勻。

適合搭配的料理 > 肉類或魚類料理皆可。稍微切大塊一
點，放在大塊烤肉旁，即可營造出充滿野趣的擺盤。

適合搭配的料理 > 肉類或魚類料理皆可。也適合直接作蔬菜
料理或下酒菜享用。

焗烤土當歸

材料

白土當歸…適量

麵包粉…適量

帕瑪森起司（磨成粉）…適量

平葉巴西里（切碎）…少許

大蒜（切碎）…少許

鹽、胡椒…各適量

橄欖油…少許

1 依個人偏好的口味調製麵包粉、起司、平葉巴西里、大蒜，撒上鹽與胡椒。

2 土當歸切成適當長度，縱切成 6 ～ 7mm 厚，撒少許鹽。將 **1** 均勻鋪在土當歸表面，淋上橄欖油，放入 180℃的烤箱烤至上色。

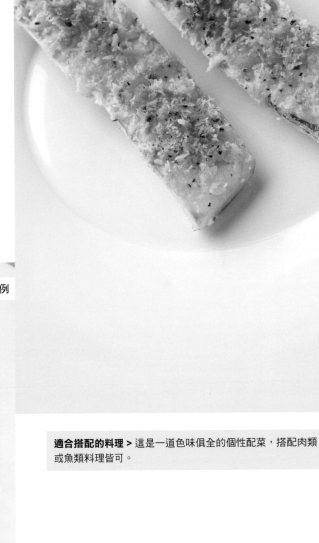

擺盤範例

焗烤土當歸搭配煎烤雞胸肉（請參照 p.132）盛盤，再淋上溫熱的香草奶油醬（請參照 p.135）。

適合搭配的料理 > 這是一道色味俱全的個性配菜，搭配肉類或魚類料理皆可。

番薯

白芝麻起司烤番薯

材料（方便製作的分量）
番薯（小）…1 條
白芝麻…適量
帕瑪森起司（磨成粉）…適量
鹽…少許
奶油、蜂蜜…各適量

1 拌勻白芝麻和起司，比例可依喜好調整。
2 番薯帶皮蒸熟，切成一口大小的圓片。
3 奶油放入平底鍋加熱，放入 2，將兩面煎熟。
4 在單側切口撒少許鹽，塗上蜂蜜，放上 1 壓實。
5 放入上火烤箱稍微烤過，烤至表面上色。

適合搭配的料理 > 肉類料理，其中與野味料理特別對味。此外，佐以褐色醬汁或燉肉也別有一番風味。

瑞士雙薯餅

＊一般只用馬鈴薯，這裡加入番薯製作。

材料（方便製作的分量）
馬鈴薯…1 顆
番薯（小）…1 條
洋蔥（切碎）…少許
鹽…少許
奶油…適量

1 馬鈴薯和番薯帶皮蒸熟，去皮，以起司刨刀削成長條狀。
2 奶油放入平底鍋加熱，加入洋蔥仔細拌炒，避免燒焦。
3 將 2 放入調理盆，加入 1 的馬鈴薯和番薯拌勻，撒少許鹽調味。
4 奶油放入平底鍋加熱，將 3 平鋪入鍋中，一邊壓平表面一邊煎熟。兩面煎成金黃色後，即可取出。

適合搭配的料理 > 肉類料理。可切分成適當大小食用。

小芋頭

麵包粉烤小芋頭

材料（方便製作的分量）

日本小芋頭…3 個

麵包粉…適量

帕瑪森起司（磨成粉）…適量

核桃（搗碎）…少許

橄欖油、鹽、黑胡椒…各適量

1 小芋頭蒸熟後去皮。

2 橄欖油倒入平底鍋加熱，放入 **1** 的小芋頭、麵包粉、起司、核桃，轉動鍋子，均勻煎烤。撒上鹽調味，最後撒上黑胡椒。

清湯煮小芋頭

材料（方便製作的分量）

日本小芋頭…2 ～ 3 個

雞清湯…適量

奶油…15g

鹽…適量

1 小芋頭蒸熟後去皮（較大的切半）。

2 將 **1** 的小芋頭放入鍋中，倒入稍微蓋到食材表面的雞清湯，開火燉煮至水分收乾。放入奶油，邊煮邊翻動，撒上鹽調味。

適合搭配的料理 > 增添了起司與核桃的風味，變得更接近西式料理的調性。與肉類料理特別對味。

適合搭配的料理 > 可與其他配菜一起組合。也很適合搭配肉類或魚類料理。

搭配煎烤干貝（請參照
p.134）一起盛盤，
再淋上煎過竹筍的奶油。

擺盤範例

竹筍

煎炒竹筍

材料

竹筍（水煮）…適量

奶油、鹽、胡椒…各適量

奶油放入平底鍋加熱，放入竹筍煎熟，撒上鹽與胡椒。

適合搭配的料理 > 可組合其他蔬菜，搭配初春的季節料理一起享用。

蒜味奶油煎竹筍

材料

竹筍（水煮）…適量

大蒜（切碎）…適量

平葉巴西里（粗略切碎）…適量

奶油、鹽、胡椒…各適量

1 竹筍切成圓片。

2 奶油放入平底鍋加熱，放入 **1** 的竹筍與大蒜煎熟。撒上鹽與胡椒調味，再撒上平葉巴西里。

適合搭配的料理 > 肉類或魚類料理皆可。搭配初春的季節料理更佳。

煎炒蘑菇

材料

蘑菇（小）、奶油、鹽、胡椒⋯各適量

生火腿（碎末亦可。切成細絲）、平葉巴西里（葉）
　⋯各少許

1 奶油放入鍋中加熱，起泡並冒出香氣後，放入蘑
菇，轉大火拌炒。

2 生火腿放入 **1** 中，撒上鹽與胡椒。拌入平葉巴西
里的葉子。

煎炒香菇

材料

香菇、大蒜、奶油（或橄欖油）、鹽、胡椒⋯各適量

1 香菇切成薄片，大蒜切碎。

2 奶油放入平底鍋加熱，起泡並冒出香氣後，放入
香菇與大蒜，轉大火拌炒。撒上鹽與胡椒。

適合搭配的料理 > 與肉類料理特別對味。搭配其他蔬菜一起
享用也可以。

適合搭配的料理 > 與肉類料理特別對味，但也可搭配嫩煎干
貝一起享用。

煎炒舞菇

材料
舞菇…適量
大蒜…適量
奶油…適量
鹽、粗磨黑胡椒粒…各適量

1 用手將舞菇撕成適當大小。大蒜連同薄皮壓扁。

2 將奶油和大蒜放入鍋中加熱，等開始起泡並冒出
香氣，放入舞菇，轉中大火拌炒。

3 盛入盤裡，撒上鹽與粗磨黑胡椒粒。

適合搭配的料理 > 肉類料理。

煎炒三菇

（香菇、杏鮑菇、鴻喜菇）

材料
香菇（切成½～¼）…適量
杏鮑菇（切成長條狀）…適量
鴻喜菇（用手撕成小朵）…適量
大蒜（去薄皮並壓扁）…適量
奶油、鹽、胡椒…各適量
平葉巴西里（切碎）…適量

1 將奶油和大蒜放入鍋中加熱，等開始起泡並冒出
香氣，放入菇類，轉大火拌炒（不要翻動，將菇類表
面煎至上色）。

2 平葉巴西里放入 **1** 中翻拌一下，撒上鹽與胡椒。

適合搭配的料理 > 與肉類料理特別對味。或是搭配外皮煎得
焦香酥脆的煎烤魚類也可以。

搭配煎烤斑石鯛（請參照 p.133）一起盛盤。
魚煎好後取出，在同一只平底鍋內滴入少許檸檬汁加熱，
撒少許鹽與胡椒調味，再以繞圈方式淋在魚肉上。

在盤底鋪上大量煎炒三菇，
放上煎烤排骨（請參照 p.132）
大快朵頤。

煎炒三菇

（鴻喜菇、杏鮑菇、秀珍菇）

材料

鴻喜菇、杏鮑菇、秀珍菇…各適量

大蒜（去薄皮並壓扁）…適量

奶油、鹽、胡椒、平葉巴西里（切碎）…各適量

1 鴻喜菇切除根蒂，用手撕開。杏鮑菇縱切對半。
秀珍菇若較大，可縱切對半。

2 大蒜與奶油放入鍋中加熱，等開始起泡並冒出香
氣，放入 **1** 的菇類，轉中大火拌炒（不要翻動，將
菇類表面煎至上色）。

3 加入平葉巴西里翻拌一下，撒上鹽與胡椒。

適合搭配的料理 > 與肉類料理特別對味。或是搭配外皮煎得
焦香酥脆的煎烤魚類也可以。

炸香菇

材料

香菇…適量

鹽…少許

炸油（植物油）…適量

1 香菇切成四等分圓弧片。

2 將 **1** 放入 180℃的油鍋中稍微炸過，瀝乾油分，撒
少許鹽大致拌勻。

適合搭配的料理 > 肉類料理。

奶油煮蘑菇

材料（方便製作的分量）
蘑菇（切成厚片）…10 個
大蒜（切碎）…½ 瓣
白葡萄酒…20 ～ 30cc
液態鮮奶油…40cc
奶油…適量
鹽、胡椒…各適量

1 將少許奶油與大蒜放入鍋中加熱，奶油融化後放入蘑菇仔細拌炒，避免燒焦。
2 倒入白葡萄酒燉煮至濃稠狀，倒入稍微蓋過食材的液態鮮奶油，繼續燉煮。撒上鹽與胡椒調味。

適合搭配的料理 > 肉類或魚類料理皆可。

奶油煮鴻喜菇

材料（方便製作的分量）
鴻喜菇…1 包 白葡萄酒…少許
洋蔥（縱切成薄片）…⅙顆 液態鮮奶油…適量
大蒜…少許 鹽、胡椒…各適量
奶油…10 ～ 15g

1 鴻喜菇切除根蒂，用手撕開。大蒜連同薄皮壓扁。
2 將奶油和大蒜放入鍋中加熱，奶油融化後放入鴻喜菇與洋蔥拌炒。倒入少許白葡萄酒燉煮至濃稠狀。
3 水分收乾後，倒入稍微蓋到食材表面的液態鮮奶油，繼續燉煮。撒上鹽與胡椒調味。

適合搭配的料理 > 肉類或魚類料理皆可。

水果

擺盤範例

擺盤範例

搭配咖哩口味的醬燉豬肉（請參照 p.132）
一起盛盤，撒上松子與咖哩粉。

搭配醬燉豬肉（請參照 p.132）一起盛盤，
豬肉淋上黑胡椒醬（胡椒風味明顯的醬汁），
撒上胡椒調味。

奶油煎香蕉

材料（1 根）
香蕉⋯1 根
奶油⋯10g

1　香蕉剝皮，切成一口大小的圓片。
2　奶油放入平底鍋中加熱，放入 **1** 的香蕉，將切口
　　煎成金黃色。

起司煎香蕉

材料（1 根）
香蕉⋯1 根
帕瑪森起司（磨成粉）⋯適量
鹽⋯少許

1　香蕉剝皮，縱切對半，在切面撒上帕瑪森起司。
2　將平底不沾鍋加熱，放入 **1** 的香蕉，沾附起司的
　　切面朝下，煎至上色。撒少許鹽。

適合搭配的料理 > 豬肉料理。此外，與味道辛辣的咖哩或南
洋風味的異國料理也很對味。

適合搭配的料理 > 豬肉料理。此外，與味道辛辣的咖哩或南
洋風味的異國料理也很對味。

奶油煎姬蘋果

材料（方便製作的分量）
姬蘋果（縱切對半）…3～4顆
糖漿（水與砂糖的比例為2：1）…適量
檸檬（切片）…1～2片
奶油…適量

1 姬蘋果縱切對半放入鍋中，倒入稍微蓋過食材的
　糖漿，放入檸檬片，蓋上鍋蓋加熱。煮沸後轉小
　火燉煮。

2 蘋果熟透後取出，瀝乾水分。奶油放入平底鍋加
　熱，將蘋果煎至表面上色。

適合搭配的料理 > 野味料理或紅酒燉煮料理等。與豬血腸也
很對味。

擺盤範例

搭配山豬肉丸（請參照 p.133）一起盛盤。
亦可淋上以山豬肉汁（高湯）為基底的醬汁，
或黑胡椒醬（胡椒風味明顯的醬汁）等。

米

擺盤範例

●**基礎燉飯**

材料

米、橄欖油（或植物油）、鹽…各適量

1 橄欖油倒入鍋中，加入米拌炒。炒一會兒後撒上鹽、倒入水（米與水的比例為 10：9），蓋上鍋蓋炊煮（開大火，煮沸後轉小火燜煮。或放入預熱至 170℃的烤箱）。

2 煮熟後燜一下，在不鏽鋼盤等容器中鋪開放涼。

*分裝成每次食用的分量，冷凍保存，需要時即可派上用場。

什錦菇燉飯

材料（1 盤）

基礎燉飯（請參照上方作法）…50g

香菇…½朵

鴻喜菇…4 ～ 5 根

奶油…少許（1 ～ 2g）

雞清湯…1 大匙

液態鮮奶油…1 大匙

鹽、胡椒…各適量

1 香菇切成薄片，鴻喜菇分小朵。

2 奶油放入鍋中加熱，放入 **1** 的菇類炒香，撒少許鹽。放入事先熱好的基礎燉飯，倒入雞清湯大致拌勻。倒入液態鮮奶油燉煮至水分收乾，撒上鹽與胡椒調味。

適合搭配的料理 > 與肉類料理、褐色醬汁特別對味。

基礎燉飯放入慕斯圈中塑形，
搭配煎烤雞胸肉（請參照 p.132）一起盛盤，
淋上少許以雞汁（雞高湯）為基底的醬汁。
擺上平葉巴西里裝飾。

擺盤範例

基礎燉飯放入慕斯圈中塑形，搭配番茄奶油煮蝦仁一起盛盤，擺上平葉巴西里裝飾。

紅蘿蔔燉飯

材料（1 盤）

基礎燉飯（請參照 p.82）⋯50g

紅蘿蔔（切成 5mm 小丁）⋯少許

洋蔥（切成 5mm 小丁）⋯少許

奶油⋯少許

雞清湯⋯1 大匙

鹽、胡椒⋯各適量

1 奶油放入鍋中加熱，放入紅蘿蔔與洋蔥拌抄，避免燒焦。撒少許鹽。

2 放入事先熱好的基礎燉飯，倒入雞清湯拌一下，撒上鹽與胡椒調味。

＊可依喜好加上少許帕瑪森起司粉或液態鮮奶油（右方的豌豆燉飯亦同）。

適合搭配的料理 > 肉類或魚類料理皆可。搭配燉肉等帶湯汁的料理一起享用更添風味。

豌豆燉飯

材料（1 盤）

基礎燉飯（請參照 p.82）⋯60g

洋蔥（切成薄片汆燙備用）⋯少許

豌豆（汆燙備用）⋯少許

奶油⋯少許

雞清湯⋯1 大匙

鹽、胡椒⋯各適量

奶油放入鍋中加熱，放入事先熱好的基礎燉飯和汆燙過的洋蔥、豌豆，倒入雞清湯拌一下，撒上鹽與胡椒調味。

適合搭配的料理 > 肉類或魚類料理皆可。特別適合搭配初春的季節料理。

栗子與藍黴起司燉飯

材料（1 盤）

基礎燉飯（請參照 p.82）…50g

藍黴起司（戈貢左拉起司等）…5g

水煮栗子…1 顆（搗碎成方便食用的大小）

雞清湯…1 大匙

液態鮮奶油…少許

鹽、胡椒…各適量

將基礎燉飯、雞清湯、液態鮮奶油、藍黴起司放入
鍋中加熱，燉煮至水分收乾。放入水煮栗子，撒上
鹽與胡椒調味。

適合搭配的料理 > 這道配菜的味道十分獨特，最適合搭配以
奶油或番茄為基底製成的醬汁。

彩椒鑲燉飯

材料（1 盤）

基礎燉飯（請參照 p.82）…50g

彩椒（黃。切成 5mm 小丁）…少許

橄欖油…適量

雞清湯…少許

帕瑪森起司（磨成粉）…少許

鹽、胡椒…各適量

彩椒（紅。小顆）…¼顆 ×2

1 橄欖油倒入鍋中加熱，放入黃椒拌炒，加入基礎
  燉飯和雞清湯燉煮至水分收乾。加入起司拌勻，
  撒上鹽與胡椒調味。
2 紅椒切成¼圓弧片，刮除籽。鑲入 1 的燉飯。
3 將 2 放在烤盤上，以繞圈方式淋上橄欖油，放入
  160 ～ 170℃的烤箱，將紅椒烤至熟透。

適合搭配的料理 > 與海鮮料理、番茄醬汁特別對味。或是搭
配烤或煎烤的肉類、海鮮也很適合。

彩椒鑲燉飯
與烤花枝（花枝撒上鹽與胡椒，
淋上橄欖油放入烤爐烤）一起盛盤，
淋上番茄醬汁（請參照 p.134）。

貝殼麵　　　　　　　　螺旋麵　　　　　　　　蝴蝶麵

貝殼麵＋奶油煮淡菜　　　螺旋麵＋奶油煮春季蔬菜　　蝴蝶麵＋干貝拌番茄莎莎醬

義大利短麵

擺盤範例

蕈菇蝴蝶麵　　　　　　　煎烤豬肉（請參照 p.132）放入盤中，
　　　　　　　　　　　　旁邊盛上蕈菇蝴蝶麵。

貝殼麵＋奶油煮淡菜

材料（方便製作的分量）
義大利短麵（貝殼麵。水煮備用）…適量
淡菜（帶殼）…15～20個
白葡萄酒…50cc 左右（＋少許水）
液態鮮奶油…適量
蒔蘿…少許
檸檬汁…少許
鹽、胡椒…各適量

1 在鍋中放入淡菜與稍微蓋到淡菜表面的白葡萄酒
（＋水），開火加熱。煮到淡菜的殼打開後，從鍋
中取出，以錐形漏勺過濾湯汁。將淡菜從殼中取
出備用。
2 將 **1** 的淡菜湯汁倒入鍋中煮至稀稠狀，倒入液態
鮮奶油繼續燉煮至濃稠狀，放入淡菜肉加熱。撒
上蒔蘿、淋上檸檬汁，加入鹽與胡椒調味。
3 將 **2** 澆淋在事先煮好的貝殼麵上。

適合搭配的料理 > 單吃就很美味。若當配菜，可取少量搭配
海鮮料理。

螺旋麵＋奶油煮春季蔬菜

材料
義大利短麵（螺旋麵。水煮備用）…適量
春季蔬菜（蕪菁、青花菜、球芽甘藍、新洋蔥、白花菜、紅皮
蘿蔔等）…適量
液態鮮奶油…適量
起司（磨成粉或削成個人偏好的形狀）…適量
檸檬汁…適量
鹽、白胡椒…各適量

1 春季蔬菜汆燙後放涼，瀝乾水分備用。
2 液態鮮奶油放入鍋中加熱，放入起司拌勻，加入
1 的蔬菜加熱。淋上檸檬汁、撒上鹽與白胡椒調
味。
3 將 **2** 澆淋在事先煮好的螺旋麵上。

適合搭配的料理 > 單吃就很美味。若當配菜，可取少量搭配
海鮮或雞肉料理。

蝴蝶麵＋干貝拌番茄莎莎醬

材料
義大利短麵（蝴蝶麵。水煮備用）…適量
干貝…適量
白葡萄酒…適量

莎莎醬（方便製作的分量）
番茄…1顆（較小者可用2顆）
彩椒…⅛顆
洋蔥…少許
平葉巴西里…少許
橄欖油、紅酒醋（橄欖油與紅酒醋的比例為2：1）、鹽、
胡椒…各適量

1 干貝放入鍋中，淋上白葡萄酒，蓋上鍋蓋蒸燜一
下，切成一口大小備用。
2 製作莎莎醬：番茄帶皮粗略切碎，彩椒與洋蔥切
小丁，平葉巴西里切碎。加入橄欖油和紅酒醋拌
勻，撒上鹽與胡椒調味（亦可加入 **1** 的湯汁或依喜好
添加 TABASCO 辣椒醬）。
3 拌勻 **1** 與 **2**，澆淋在事先煮好的蝴蝶麵上。

適合搭配的料理 > 單吃就很美味。若當配菜，可取少量搭配
海鮮料理。

蕈菇蝴蝶麵

材料（方便製作的分量）
義大利短麵（蝴蝶麵。水煮備用）…適量
菇類（喜好的菇類皆可。這裡使用的是秀珍菇）…100g
洋蔥（縱切成薄片）…20g
大蒜（切碎）…少許
奶油、鹽、胡椒…各適量

1 奶油與大蒜放入平底鍋中加熱，奶油起泡並冒出
香氣後，放入菇類和洋蔥拌炒，撒上鹽與胡椒拌
勻後取出。
2 將事先煮熟的蝴蝶麵放入 **1** 的平底鍋中，再將 **1**
取出的菇類和洋蔥放回鍋中和麵拌勻，撒上鹽與
胡椒調味。

適合搭配的料理 > 肉類料理。

麵包

+番茄

烤棍子麵包
+大蒜

棍子麵包斜切成 1cm 薄片，將兩面烤至上色（可用烤麵包機或烤箱。以下皆同）。大蒜切成兩半，用切口處塗抹在烤成金黃色的麵包表面。

棍子麵包斜切成 1cm 薄片，將兩面烤至上色。番茄切成兩半，用切口處塗抹在烤成金黃色的麵包表面。

+西芹

+帕瑪森起司

棍子麵包斜切成 5mm 薄片，將兩面烤至上色。西芹莖部切半，用切口處塗抹在烤成金黃色的麵包表面。將西芹切成薄片放上，淋上少許 E.V. 橄欖油。

棍子麵包斜切成 1cm 薄片，撒上磨成粉的帕瑪森起司與少許麵包粉，放入烤箱，將表面烤成金黃色。

+帕瑪森起司

+藍黴起司

+香草奶油

棍子麵包斜切成 1cm 薄片,均勻撒上帕瑪森起司,再放上少許藍黴起司。放入烤箱,將表面烤成金黃色。

1 將適量的平葉巴西里、大蒜與洋蔥切碎,拌入回溫至室溫的奶油,撒上鹽與胡椒調味。

2 棍子麵包斜切成 1cm 薄片,放上 **1** 的香草奶油。放入烤箱,將表面烤成金黃色。

擺盤範例

適合搭配的料理 > 可依喜好搭配湯品或燉肉食用。

香草奶油棍子麵包
佐番茄湯(請參照 p.135)。

網烤蔬菜

材料

蔬菜（糯米椒、姬小黃瓜、彩椒、櫛瓜）、檸檬…各適量

鹽、胡椒…各適量

蔬菜與檸檬切成適當大小，放入烤爐，將表面烤出焦痕。撒上鹽與胡椒。

> **適合搭配的料理 >** 可嘗試多種不同組合，與任何料理或醬汁都很對味。

擺盤範例　在盤子裡放上網烤鯛魚（鯛魚肉撒上鹽與胡椒，放入烤爐烤）和網烤蔬菜，以繞圈方式淋上生火腿醬（請參照 p.135）。

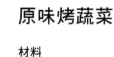

綜合蔬菜、豆類

原味烤蔬菜

材料

馬鈴薯（「印加的覺醒」品種。水煮備用）、櫛瓜、茄子、球芽甘藍、白花菜、小番茄、彩椒（紅・黃）、洋蔥、甜豆莢、紫蘿蔔、綠蘆筍、蠶豆、大蒜（帶薄皮）、檸檬（切成圓片）…各適量

E.V. 橄欖油、鹽…各適量

＊以任何當季蔬菜替換皆可。

將蔬菜切成方便食用的大小，撒上鹽與 E.V. 橄欖油拌勻，鋪在烤盤裡。放入預熱至 200℃ 左右的烤箱烤熟。

> **適合搭配的料理 >** 可嘗試多種不同組合，與任何料理或醬汁都很對味。

檸檬奶油醬拌春季蔬菜

材料

春季蔬菜（綠蘆筍、油菜花、蠶豆、白土當歸、青花筍、新洋
　蔥等個人偏好的蔬菜皆可）…適量

小番茄…適量

奶油、檸檬汁、鹽、胡椒…各適量

1 將各種春季蔬菜分別汆燙煮熟，瀝乾水分。

2 奶油放入鍋中加熱，倒入少許檸檬汁拌勻，撒上
　鹽與胡椒調味。放入 **1** 的春季蔬菜與小番茄大致
　拌勻，盛入盤裡。

適合搭配的料理 > 白肉魚、龍蝦、干貝等口感細緻的海鮮料
理。

蒸煮春季蔬菜

材料

春季蔬菜（春季高麗菜、球芽甘藍、綠蘆筍、甜豆莢、青花
　菜、新洋蔥等）…適量

小番茄…適量

綠橄欖…適量

大蒜（切薄片）…適量

白葡萄酒、奶油、鹽、胡椒…各適量

1 將小番茄以外的蔬菜汆燙煮熟，瀝乾水分備用。

2 在鍋中放入白葡萄酒、奶油、大蒜、橄欖、小番
　茄快煮一下，放入 **1** 的蔬菜，撒上鹽與胡椒調味。

適合搭配的料理 > 與白肉魚特別對味。

擺盤範例

鯛魚撒上鹽與胡椒醃漬，
在蒸煮春季蔬菜的過程中
放入鯛魚慢慢蒸熟。
加入鹽與胡椒調味。

將奶油煮春季蔬菜鋪在盤底，
再放上煎烤豬肉（請參照 p.132）。

擺盤範例

奶油煮春季蔬菜

材料

春季蔬菜（新洋蔥、蠶豆、豌豆、青花菜等）…適量

培根…適量

液態鮮奶油…適量

鹽、胡椒…各適量

1 將各種春季蔬菜分別汆燙煮熟，瀝乾水分。培根
切成小段的條狀。

2 將 **1** 的蔬菜和培根放入鍋中，倒入稍微蓋到食材
表面的液態鮮奶油煮一會兒。撒上鹽與胡椒調味。

適合搭配的料理 > 雞柳、牛柳與豬肉等肉類料理。此外，與
白肉魚、紅肉魚也很對味。

簡易版普羅旺斯雜燴

＊番茄醬汁不要放太多，均勻沾附蔬菜即可。蔬菜不要煮太久，以保留清脆口感。

材料（方便製作的分量）＊蔬菜分量僅供參照

洋蔥（切碎）…60g

大蒜（切碎）…少許（可依喜好多放一點）

彩椒（紅椒。若有黃椒可一起使用）…80g

櫛瓜…60g

茄子…80g

香草（帶枝梗的新鮮百里香、月桂葉、新鮮迷迭香）…適量

番茄醬汁（請參照 p.134）…60g

平葉巴西里（粗略切碎）…少許

橄欖油…適量（稍多）

鹽、胡椒…各適量

＊可使用個人偏好的香草替換，或是不放也可以。若迷迭香放太多，香氣會過於強烈，請謹慎使用。

1　彩椒、櫛瓜、茄子切成 1.5cm 塊狀。

2　橄欖油和大蒜一起放入鍋中加熱，放入洋蔥仔細拌炒，避免燒焦。放入 **1** 的彩椒、櫛瓜和茄子繼續拌炒。

3　食材炒熟後倒入番茄醬汁，翻拌均勻。放入香草，蓋上鍋蓋，慢慢燉煮。撒上鹽與胡椒調味，加入平葉巴西里拌勻。

> **適合搭配的料理 >** 用途廣泛，搭配肉類或魚類皆可。也可以利用慕斯圈做出形狀，呈現煥然一新的擺盤。

〈變化版〉

● 烤普羅旺斯雜燴

將普羅旺斯雜燴（請參照上方作法）填入慕斯圈，放入耐熱容器或烤盤，表面撒上磨成粉的帕瑪森起司，放入上火烤箱，將表面烤成金黃色。

清湯煮綜合豆

材料（方便製作的分量）

綜合豆（市售水煮豆）…400～500g

＊這裡使用的是內含鷹嘴豆、大豌豆與紅腰豆的綜合豆。

洋蔥…⅓顆

紅蘿蔔…¼根

西芹…1 根

培根…40g

大蒜、平葉巴西里（切碎）…各少許

植物油、雞清湯、鹽、胡椒…各適量

1 洋蔥、紅蘿蔔、西芹切成 1cm 塊狀。培根切成小片。大蒜去皮壓扁。

2 植物油倒入鍋中加熱，放入 1 炒勻（5～6分鐘）。加入綜合豆拌炒，倒入稍微蓋到食材表面的雞清湯慢慢燉煮。

3 撒上鹽與胡椒調味，最後加入平葉巴西里大致拌勻。

適合搭配的料理 > 各種肉類料理。與油封料理、香腸、火腿等加工食品也很對味。

番茄煮綜合豆

材料（方便製作的分量）

綜合豆（市售水煮豆）…400～500g

＊這裡使用的是內含鷹嘴豆、大豌豆與紅腰豆的綜合豆。

番茄醬汁（請參照 p.134）…適量

洋蔥…⅓顆

紅蘿蔔…¼根

西芹…1 根

培根…40g

大蒜…1 瓣

平葉巴西里（切碎）…少許

鹽、胡椒、橄欖油…各適量

1 洋蔥、紅蘿蔔、西芹切成 1cm 塊狀。培根切成小片。大蒜去皮壓扁。

2 橄欖油倒入鍋中加熱，放入 1 炒勻。加入綜合豆拌炒，倒入稍微蓋到食材表面的番茄醬汁燉煮。

3 撒上鹽與胡椒調味，最後加入平葉巴西里大致拌勻。

適合搭配的料理 > 與燻製肉類、粗絞肉香腸、鹽漬豬肉與油封等料理特別對味。

garniture

百搭的
配菜料理

garniture

蔬菜泥、蔬菜糊

蔬菜泥與蔬菜糊不僅百搭，
作法也很簡單。
通常會以多種食材相互搭配，
但也可單獨佐主菜。

將網烤豬肉（撒上鹽與胡椒，放入烤爐烤）
放入盤裡，佐以藍黴起司與香草馬鈴薯泥，
再以繞圈方式淋上用牛肉醬汁或小牛高湯為
基底製成的醬汁。

藍黴起司與香草馬鈴薯泥

菠菜馬鈴薯泥

材料（方便製作的分量）

馬鈴薯…2～3顆

牛奶…50cc

液態鮮奶油…50cc

奶油…10g

菠菜…適量

鹽…適量

1 馬鈴薯去皮，切成一口大小。放入水中煮熟，瀝
  乾水分。再次放回鍋中乾燒，收乾水分後，用搗
  泥器搗成泥。

2 在鍋中倒入牛奶、液態鮮奶油與奶油，稍微加
  熱，倒入 **1** 拌勻。

3 菠菜汆燙後泡冷水，瀝乾水分。切碎後拌入 **2**，
  撒上鹽調味。

適合搭配的料理 > 用途廣泛，搭配肉類或魚類料理皆可。

材料（方便製作的分量）

馬鈴薯…2～3顆

牛奶…50cc

液態鮮奶油…50cc

奶油…10g

平葉巴西里、蝦夷蔥（亦可使用日本細蔥）、蒔蘿
  …各適量

藍黴起司（戈貢左拉起司等）…依喜好斟酌的分量

鹽（如需要再加）…適量

1 馬鈴薯去皮，切成一口大小。放入水中煮熟，瀝
  乾水分。再次放回鍋中乾燒，收乾水分後，用搗
  泥器搗成泥。

2 在鍋中倒入牛奶、液態鮮奶油與奶油，稍微加
  熱，倒入 **1** 拌勻。

3 平葉巴西里、蝦夷蔥與蒔蘿切成碎末。

4 將 **3** 與適量（依喜好）的藍黴起司拌入 **2**，稍微加
  熱，充分拌勻。如有需要可加鹽調味。

適合搭配的料理 > 用途廣泛，搭配肉類或魚類料理皆可。

芥末籽馬鈴薯泥

擺盤範例

材料（方便製作的分量）

馬鈴薯…2～3顆

牛奶…50cc

液態鮮奶油…50cc

奶油…10g

芥末籽醬…1大匙

鹽…適量

1 馬鈴薯去皮，切成一口大小。放入水中煮熟，瀝乾水分。再次放回鍋中乾燒，收乾水分後，用搗泥器搗成泥。

2 在鍋中倒入牛奶、液態鮮奶油與奶油，稍微加熱，倒入 **1** 拌勻。加入芥末籽醬拌勻，撒上鹽調味。

適合搭配的料理 > 這道馬鈴薯泥充滿芥末籽醬的酸味和辣味，搭配肉類或海鮮料理都對味。

與網烤干貝（請參照 p.134）一起盛盤，以繞圈方式淋上 E.V. 橄欖油，放上西洋菜裝飾。

橄欖油馬鈴薯泥

擺盤範例

煎烤八潮鱒（請參照 p.133）放入盤裡，
旁邊淋上橄欖油馬鈴薯泥（這裡增加液態鮮奶油與牛奶用量，
煮得較稀稠），撒上蒔蘿裝飾。

材料（方便製作的分量）

馬鈴薯…2〜3 顆
牛奶…50cc
液態鮮奶油…50cc
奶油…10g
E.V. 橄欖油…適量
檸檬汁…少許
鹽…適量

1 馬鈴薯去皮，切成一口大小。放入水中煮熟，瀝
乾水分。再次放回鍋中乾燒，收乾水分後，用搗
泥器搗成泥。

2 在鍋中倒入牛奶、液態鮮奶油與奶油，稍微加
熱，倒入 1 拌勻。加入少許檸檬汁，淋上 E.V. 橄
欖油充分攪拌至濃稠狀。撒上鹽調味。

適合搭配的料理 > 用途廣泛，搭配肉類或魚類料理皆可。

白花菜馬鈴薯泥

莫札瑞拉起司馬鈴薯泥

材料（方便製作的分量）
馬鈴薯…2～3顆
白花菜（分小朵）…2～3朵
牛奶…少許
美奶滋…1大匙
液態鮮奶油…少許
鹽、胡椒…各少許

1 馬鈴薯去皮，切成一口大小。放入水中煮熟，瀝乾水分。再次放回鍋中乾燒，收乾水分後，用搗泥器搗成泥。
2 分成小朵的白花菜放入另一個鍋中，倒入適量的水與少許牛奶，加鹽，開火加熱。煮軟後切小塊。
3 在 1 中倒入少許牛奶混合稀釋，加入美奶滋與液態鮮奶油拌勻（調整牛奶和液態鮮奶油的分量，煮出個人偏好的濃度）。
4 將瀝乾水分的 2 加入 3 中，撒上鹽與胡椒。

適合搭配的料理 > 海鮮料理是最佳選擇。

材料（方便製作的分量）
馬鈴薯…2～3顆
牛奶…50cc
液態鮮奶油…50cc
奶油…10g
莫札瑞拉起司…¼個
鹽…適量

1 馬鈴薯去皮，切成一口大小。放入水中煮熟，瀝乾水分。再次放回鍋中乾燒，收乾水分後，用搗泥器搗成泥。
2 在鍋中倒入牛奶、液態鮮奶油與奶油，稍微加熱，倒入 1 拌勻。加入莫札瑞拉起司充分拌勻，撒上鹽調味。

適合搭配的料理 > 馬鈴薯泥加入莫札瑞拉起司後會牽絲，用法與一般馬鈴薯泥相同。搭配肉類或魚類料理皆可。

擺盤範例

前菜「蝦仁與白花菜糊」
作法：
蝦子放入鹽水汆燙後剝殼，
切成小圓塊。
擺盤：
白花菜糊倒入盤裡，
周圍放上一圈蝦子，
擺上平葉巴西里裝飾。

白花菜糊

材料（方便製作的分量）

白花菜…½株　　　　　　　奶油…20g
洋蔥（不放也可以）…¼顆　　檸檬汁（依喜好）…少許
牛奶…少許　　　　　　　　鹽、胡椒…各適量
液態鮮奶油…40 ～ 50cc

1　白花菜分小朵。洋蔥切薄片。
2　將 **1** 與水倒入鍋中，加入少許牛奶，開小火慢慢
　　燉煮。
3　白花菜煮軟後倒入攪拌機，打成糊狀。加入液態
　　鮮奶油。
4　將 **3** 倒入鍋中，開火加熱。放入奶油，撒上鹽與
　　胡椒調味。最後依喜好滴入少許檸檬汁（可使味道
　　更出色）。

適合搭配的料理 > 與海鮮料理特別對味，不過也很適合搭配
肉類料理。

茄子糊

材料（方便製作的分量）

茄子…2 根　　　　　　　　黑橄欖（若有籽須先去
炸油（植物油）…適量　　　　　除）…1 粒
洋蔥（縱切成薄片）…20g　　橄欖油…適量
大蒜（切碎）…少許　　　　　奶油…少許
　　　　　　　　　　　　　　鹽、胡椒…各適量

1　以竹籤在茄子各處戳洞，放入油鍋炸，去蒂頭，
　　剝皮。
2　橄欖油倒入鍋中加熱，放入洋蔥和大蒜仔細拌
　　炒，避免燒焦。
3　拌勻 **1**、**2** 和黑橄欖，放入攪拌機中打成糊狀。
4　將 **3** 倒入鍋中加熱，放入奶油拌勻，撒上鹽與胡
　　椒調味。

適合搭配的料理 > 肉類料理。尤其與小羊肉料理特別對味。

擺盤範例

搭配紅酒燉牛頰肉
（請參照 p.132）一起盛盤。

紅蘿蔔糊

材料（方便製作的分量）

紅蘿蔔…300g

液態鮮奶油（或牛奶）…40 ～ 50cc

奶油…20g

鹽…適量

1 紅蘿蔔削皮，放入水中煮軟。

2 將 **1** 倒入攪拌機中打成糊狀。

3 將 **2** 倒入鍋中加熱，放入奶油、液態鮮奶油拌勻，撒上鹽調味。

＊放太多液態鮮奶油會讓口感過於濃郁。只要能夠沾附所有食材即可。

適合搭配的料理 > 與肉類料理特別對味。如要搭配魚，以紅酒燉煮或調味重一點較適合。

南瓜糊

材料（方便製作的分量）

南瓜…300g

液態鮮奶油（或牛奶）…40 ～ 50cc

奶油（依喜好）…20g

鹽、胡椒…各適量

1 南瓜切成適當大小，放入蒸鍋蒸。蒸熟後去皮。

2 將 **1** 的南瓜放入攪拌機，一邊倒入液態鮮奶油，一邊攪打。調整至適當濃度。

3 將 **2** 倒入鍋中煮一會兒（依喜好加入奶油），撒上鹽與胡椒調味。

適合搭配的料理 > 肉類料理。搭配野味料理也很出色。

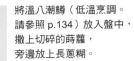

將溫八潮鱒（低溫烹調。請參照 p.134）放入盤中，撒上切碎的蒔蘿，旁邊放上長蔥糊。

雙薯糊

材料（方便製作的分量）

番薯…100g   牛奶…少許

馬鈴薯…200g   奶油…20g

液態鮮奶油…40 ～ 50cc   鹽…適量

1 番薯和馬鈴薯去皮，切成一口大小，放入冷水中慢慢燉煮。煮熟粗略搗碎。

2 拌勻液態鮮奶油、牛奶、奶油，稍微加熱，倒入 **1** 中充分攪拌。

3 將 **2** 倒入攪拌機打成滑順的糊狀，放回鍋中加熱，撒上鹽調味。

適合搭配的料理 > 肉類料理。與鹿肉、鴨肉、山豬肉等野味料理特別對味。

長蔥糊

材料（方便製作的分量）

長蔥…300g

奶油…20g

鹽…適量

＊可依喜好添加液態鮮奶油。

1 長蔥放入水中煮軟。

2 將 **1** 放入攪拌機打成糊狀，倒回鍋中加熱，稍微收乾水分。加入奶油與鹽調味。

適合搭配的料理 > 魚類料理。

焗烤蔬菜

食材拌勻後放入烤皿，
再放入烤箱就能做好的簡單焗烤。
不僅可取適量搭配主菜，
也能直接作蔬菜料理享用。

美奶滋焗烤白花菜

材料（方便製作的分量）
白花菜（分小朵）…約 10 朵
馬鈴薯…1～2 顆
洋蔥…少許
麵包粉、起司絲（使用個人偏好的起司亦可）、美奶滋、
　鹽、黑胡椒…各適量
＊白花菜與馬鈴薯的分量約相同。

1 分成小朵的白花菜快煮一下。馬鈴薯整顆帶皮蒸
　熟後去皮，以叉子粗略搗碎。洋蔥切成薄片。
2 拌勻麵包粉、起司絲與美奶滋，撒上鹽與黑胡椒
　調味。
3 將 **1** 鋪在烤皿裡，淋上大量 **2** 的醬汁。放入預熱
　至 180℃的烤箱，將表面烤成金黃色。

美奶滋焗烤番薯與菠菜

材料（方便製作的分量）
番薯（小）…1 條
菠菜…1 把
玉米…適量
洋蔥…少許
麵包粉、起司絲、美奶滋、鹽、胡椒…各適量

1 番薯整顆帶皮蒸熟，切成一口大小。菠菜汆燙後
　瀝乾水分，切成方便食用的長度。玉米可蒸熟或
　煮熟，刮下玉米粒（亦可使用冷凍玉米或罐頭玉米）。
　洋蔥切成薄片。
2 拌勻麵包粉、起司絲、美奶滋與 **1**，撒上鹽與胡
　椒調味。
3 將 **2** 放入烤皿，放入 180℃的烤箱，將表面烤成金
　黃色。

適合搭配的料理 > 可直接作蔬菜料理享用。或者搭配任何料
理皆可，舉辦派對時可當成配菜擺在桌上，襯托其他菜色。

適合搭配的料理 > 可直接作蔬菜料理享用。或者搭配任何料
理皆可。

雙薯千層派

＊從馬鈴薯做的千層派變化而成。馬鈴薯千層派的正統
作法是將生馬鈴薯以牛奶和液態鮮奶油慢慢燉煮，但這
道食譜使用事先蒸好的馬鈴薯和番薯，可品嘗到芋薯類
的鬆軟口感。

材料（方便製作的分量）

馬鈴薯…2 顆

番薯…1 條

液態鮮奶油、牛奶（比例為 1：1）…各適量

大蒜（切碎）…少許

鹽、胡椒…各適量

格呂耶爾起司（削成絲）…適量

奶油…少許

1 馬鈴薯和番薯整顆帶皮蒸熟。馬鈴薯去皮，切成
8mm 厚的圓片。番薯帶皮切成 1cm 厚的圓片。

2 在烤皿內側塗上少許奶油，斜立放入雙薯片，交
錯排列，鋪滿烤皿。

3 拌勻牛奶、液態鮮奶油、大蒜加熱，撒上鹽與胡
椒。

4 將 **3** 淋在 **2** 上（大約至薯片的一半高度），撒上格呂
耶爾起司，放入 180℃的烤箱，將表面烤成金黃
色。

美奶滋焗烤綜合豆與紅蘿蔔

材料（方便製作的分量）

綜合豆（市售水煮豆）…350 ～ 400g
＊這裡使用的是內含鷹嘴豆、大豌豆與紅腰豆的綜合豆。

紅蘿蔔（切成 1cm 塊狀）…少許

洋蔥（切成薄片）…少許

麵包粉、起司絲、美奶滋…各適量

鹽、黑胡椒…各適量

1 紅蘿蔔與洋蔥放入水或雞清湯（分量外）中煮熟。

2 拌勻綜合豆、**1**、麵包粉、起司絲、美奶滋，撒
上鹽與黑胡椒調味。

3 將 **2** 倒入烤皿中，放入 180℃的烤箱，將表面烤成
金黃色。

適合搭配的料理 > 可直接作蔬菜料理享用。如要當成配
菜，搭配肉類料理較適合。

適合搭配的料理 > 可直接作蔬菜料理享用。或是搭配肉類料
理也很適合。

奶焗長蔥

材料（方便製作的分量）

長蔥（日本下仁田蔥等較粗的品種）…2根

番茄…40g

植物油、奶油…各適量

液態鮮奶油…180cc

（或白醬 150cc ＋液態鮮奶油 30 ～ 40cc）

起司絲（格呂耶爾起司等）與帕瑪森起司

（磨成粉）…50 ～ 60g

鹽、胡椒…各適量

＊加入少許大蒜（切碎）也很美味。

1 長蔥切成一半長度，放入水中煮 20 ～ 30 分鐘（依
蔥的品種與季節調整）。煮軟後撈起，瀝乾水分。番
茄帶皮切成 1cm 塊狀。

2 將 **1** 的長蔥切 5 ～ 6cm 長，植物油與奶油放入
平底鍋加熱，放入長蔥，將表面煎至略為上色。

3 將 **2** 排入烤皿中，撒上 **1** 的番茄。

4 起司加入液態鮮奶油中，撒上鹽與胡椒調味。均
勻淋至 **3** 上。

5 放入預熱至 180℃的烤箱，將表面烤成金黃色。

適合搭配的料理 > 與肉類料理特別對味。

擺盤範例

搭配醬燉小羊肉（請參照 p.132）一起盛盤。

可當作配菜的
醬料

可當作配菜的方便醬料，
只要淋在主菜上，即完成擺盤。

擺盤範例

淋在以烤箱烤的喜知次魚（請參照 p.134）上，
撒上平葉巴西里、羅勒裝飾。

新鮮番茄冷醬

材料（方便製作的分量）
番茄⋯100g
洋蔥（切碎）⋯15g
小黃瓜（切成 5mm 小丁）⋯15g
大蒜（切碎）⋯少許
橄欖油⋯20cc
鹽、胡椒⋯各適量
香草（平葉巴西里、羅勒。依喜好選用）⋯各適量

1 番茄帶皮切成 1cm 塊狀，或汆燙去皮再切成 1cm
　　塊狀。
2 除了香草之外，將所有材料全部拌勻。撒上鹽與
　　胡椒調味。
3 淋在料理上，添上個人偏好的香草。

適合搭配的料理 > 肉類或魚類料理皆可。

番茄優格醬

馬鈴薯整顆蒸熟後去皮，淋上番茄優格醬，擺上蒔蘿裝飾。

材料（方便製作的分量）

番茄…50g

小黃瓜…15g

優格（原味）…30cc

E.V. 橄欖油…10cc

鹽、胡椒…各適量

蒔蘿（依喜好）…適量

1 番茄汆燙去皮、去籽，切成 5mm 小丁。小黃瓜
也切成 5mm 小丁。

2 拌勻 **1**，撒上鹽，淋上 E.V. 橄欖油與優格拌勻，
撒上鹽與胡椒調味。依喜好擺上蒔蘿裝飾。

適合搭配的料理 > 使用魚類、干貝、雞柳、蔬菜等食材製作
的涼拌料理。

番茄藍黴起司醬

擺盤範例

澆淋在煎烤雞翅腿（請參照 p.133）上。

材料（方便製作的分量）

番茄…50g

小黃瓜…15g

彩椒（黃）…15g

藍黴起司（昂貝爾起司等）…10 ～ 15g

E.V. 橄欖油…10cc

鹽、胡椒…各適量

蒔蘿（依喜好）…適量

1 番茄汆燙去皮、去籽，切成 5mm 小丁。小黃瓜和彩椒也切成 5mm 小丁。

2 拌勻 **1**，撒上鹽，淋上 E.V. 橄欖油與切成 5mm 小丁的藍黴起司拌勻，撒上鹽與胡椒調味。依喜好撒上蒔蘿裝飾。

適合搭配的料理 > 雞肉等白肉料理。

什錦番茄湯

材料（方便製作的分量）

各種番茄（依喜好）…300g

＊這裡使用的是番茄（小）、小番茄（橘·黃·紅）。

馬鈴薯…1 顆

彩椒（黃。切成 1cm 塊狀）…30g

雞清湯…100cc

平葉巴西里（粗略切碎）…適量

芝麻菜（粗略切碎）…適量

E.V. 橄欖油、鹽、胡椒…各適量

1 馬鈴薯帶皮蒸熟後去皮，以叉子粗略搗碎。

2 雞清湯倒入鍋中加熱，放入彩椒與所有番茄（帶皮）燉煮。煮 15 分鐘後放入 **1** 的馬鈴薯。加入平葉巴西里、芝麻菜繼續煮。撒上 E.V. 橄欖油、鹽、胡椒調味。

適合搭配的料理 > 雞肉或煎烤干貝等海鮮料理。亦可連同主菜放入鍋中快煮一下，更加入味。

擺盤範例

澆淋在煎烤雞翅腿（請參照 p.133）上。

番茄彩椒醬

＊彩椒切碎後能充分釋出風味。

材料（方便製作的分量）

番茄（大。完熟）⋯1 顆

彩椒（紅・黃）⋯各⅛顆

洋蔥（新洋蔥）⋯少許

大蒜⋯少許

羅勒（可依喜好選用其他香草或不放）⋯適量

橄欖油、鹽、胡椒⋯各適量

1 番茄帶皮切成碎丁。彩椒與洋蔥切成 5mm 小丁。大蒜和羅勒切碎。

2 拌勻彩椒、洋蔥、番茄、大蒜與橄欖油，撒上鹽與胡椒調味。撒上羅勒。

適合搭配的料理 > 佐以油脂較多的料理，能讓口味更清爽。

擺盤範例

番茄彩椒醬鋪在盤底，
放上炸烤雞胸肉排。
（請參照 p.133）。

111

春季蔬菜捲

材料（1個長方形烤皿的分量）
春季高麗菜…4 片
青花菜（分小朵）…4 朵
油菜花…2 根
新馬鈴薯…½顆
新洋蔥…½顆
甜豆莢…5 根
蠶豆…5 粒
綠蘆筍…2 根
白土當歸…½根

1 馬鈴薯帶皮蒸熟，去皮縱切對半。高麗菜、土當歸、新洋蔥汆燙煮熟，自然放涼。青花菜、油菜花、甜豆莢（切掉兩端去筋）、蠶豆、綠蘆筍水煮後放入冷水中，撈起瀝乾水分。蠶豆去皮。

2 鋪一張保鮮膜在長方形烤皿裡（多出來的保鮮膜先往外放）。先鋪滿高麗菜，再左右對稱地依序疊上油菜花、土當歸、青花菜、綠蘆筍、新洋蔥（一片片剝開）、甜豆莢、蠶豆、馬鈴薯。將外面的保鮮膜往內緊密包覆，壓上重物。放入冰箱冷藏 1 ～ 2 小時，讓蔬菜捲成形。

3 將蔬菜捲連同保鮮膜取出，切成適當寬度（可連同保鮮膜一起切），放入盤裡。

蔬菜捲

以蔬菜捲的形式，
展現蔬菜的亮麗原色。
只要利用模型工具，
就能輕鬆定型。
吃的時候用刀叉切分，
無須以吉利丁凝固。
可依喜好或季節搭配各種蔬菜。

適合搭配的料理 > 與魚類料理特別對味。可做成熱菜或冷菜。如做成熱菜，可搭配奶油燉菜或淋上奶油醬汁。如搭配肉類，可佐配奶油燉肉或白醬燉小羊肉。

將切好的蔬菜捲放在盤子中央，
旁邊擺上白醬鮭魚（請參照 p.134）的鮭魚，
再舀入白醬。

秋季蔬菜捲

材料（1 個長方形烤皿的分量）

香菇…3 朵	菠菜…1 ～ 2 株
大白菜…⅙顆	番薯（小）…1 條
長蔥…½根	紅蘿蔔（小）…1 根
牛蒡…½根	茄子…1 條

1 番薯帶皮放入水中煮，煮熟後去皮。牛蒡削皮後汆燙。長蔥、大白菜、菠菜也放入水中燙熟（全部以鹽水燙煮）。紅蘿蔔蒸熟後去皮。香菇放入烤爐烤。茄子直接放入熱油鍋（分量外的植物油）炸，去皮，縱向撕成條狀。

2 鋪一張保鮮膜在長方形烤皿裡（多出來的保鮮膜先往外放）。左右對稱地依序疊上大白菜、牛蒡、長蔥、紅蘿蔔、菠菜、香菇、番薯、茄子。將外面的保鮮膜往內緊密包覆，壓上重物。放入冰箱冷藏 1 ～ 2 小時，讓蔬菜捲成形。

3 將蔬菜捲連同保鮮膜取出，切成適當寬度（可連同保鮮膜一起切），放入盤裡。

適合搭配的料理 > 海鮮料理。

高麗菜馬鈴薯捲

材料（1 個長方形烤皿的分量）

高麗菜（最好是新高麗菜）…½顆
馬鈴薯（「印加的覺醒」品種）…3 顆

1 將整顆高麗菜放入裝滿水的深鍋煮，煮熟後稍微放涼，一片片剝開，瀝乾水分。

2 馬鈴薯帶皮放入冷水鍋中，開火煮熟。去皮後用叉子搗碎。

3 鋪一張保鮮膜在長方形烤皿裡（多出來的保鮮膜先往外放），放入 **1** 的高麗菜（葉片要稍微高過烤皿）。

4 將 **2** 的馬鈴薯夾入 **3**，兩者交互層疊。

5 疊好後，將溢出烤皿的高麗菜葉往內折，覆蓋表面，用手壓實。再將外面的保鮮膜往內緊密包覆。

6 將烤皿放入冰箱冷藏 1 ～ 2 小時成形，上桌前切分成小份（如想做成熱菜，可先放入微波爐加熱再切）。

適合搭配的料理 > 帶醬汁的料理，例如燉牛肉、番茄煮雞肉、烤雞肉佐醬汁等。

春捲菜盒

利用春捲皮製作的獨特配菜。
只要發揮巧思，
就能創造出有趣的菜色。

搭配煎烤長鰭鮪魚（請參照 p.133）一起盛盤，
淋上番茄醬汁（請參照 p.134），放上迷迭香。

擺盤範例

春捲菜盒
（馬鈴薯、彩椒、洋蔥、鯷魚）

材料（方便製作的分量）

馬鈴薯…1 顆	鯷魚…2 片
彩椒…1/6顆	春捲皮…適量
洋蔥…1/8顆	橄欖油、鹽、胡椒…各適量

1 馬鈴薯蒸熟後去皮，放入篩子壓成泥。洋蔥切薄片，彩椒切成 1cm 塊狀，鯷魚切碎。

2 橄欖油倒入平底鍋中，加入 **1** 的洋蔥和彩椒炒香。放入 **1** 的馬鈴薯與鯷魚拌勻，撒上鹽與胡椒。

3 攤開春捲皮，將 **2** 放在中間，折成長方形。封口沾水密封。

4 橄欖油倒入平底鍋加熱，放入 **3**，煎至兩面上色。

適合搭配的料理 > 肉類或魚類料理皆可。此外，與南洋風味的異國料理或口味辛辣的菜色也很對味。

打一顆蛋在春捲菜盒上，
再放入烤箱稍微烤一下。

擺盤範例

春捲菜盒
（馬鈴薯、菠菜、玉米）

材料（方便製作的分量）

馬鈴薯…1 顆	玉米（水煮玉米粒）…30g
洋蔥…⅛顆	春捲皮…適量
菠菜…30 ～ 40g	橄欖油、鹽、胡椒…各適量

1 馬鈴薯蒸熟後去皮，放入篩子壓成泥。洋蔥切薄
   片，放入平底鍋中以橄欖油拌炒。菠菜水煮後瀝
   乾水分，粗略切碎。玉米蒸熟或水煮，剝下玉米
   粒。

2 拌勻 1 的所有材料，撒上鹽與胡椒。

3 攤開春捲皮，將 2 放在中間，折成長方形。封口
   沾水密封。

4 橄欖油倒入平底鍋加熱，放入 3，煎至兩面上色。

適合搭配的料理 > 肉類或魚類料理皆可。

春捲菜盒
（馬鈴薯、鮪魚、黑橄欖）

材料（方便製作的分量）

馬鈴薯…1 顆

洋蔥…⅛顆

鮪魚（油漬罐頭）…50 ～ 60g

黑橄欖…2 ～ 3 粒

春捲皮…適量

橄欖油、鹽、胡椒…各適量

1 馬鈴薯蒸熟後去皮，放入篩子壓成泥。洋蔥切薄
   片，放入平底鍋中以橄欖油拌炒。黑橄欖去籽，
   粗略切碎。

2 拌勻 1 和鮪魚，撒上鹽與胡椒。

3 攤開春捲皮，將 2 放在對角線的一側，蓋上另一
   側的皮，折成三角形。封口沾水密封。

4 放入 180℃的烤箱，將外皮烤成金黃色。

適合搭配的料理 > 肉類或魚類料理皆可。此外，與雞蛋料理
也很對味。

garniture

擺盤進階課

garniture

擺盤進階課

無須仰賴艱深技巧或珍貴食材，只要掌握訣竅，注重配菜與主菜之間的顏色、形狀、配置比例，就能讓料理看起來更升級。若選擇的食材或擺盤方式總是千篇一律，不妨試著增添變化，即可帶來全新感受。這裡統整幾個擺盤類型，並以實例詳細說明。

有效利用單一配菜

若只搭配一道配菜，可利用食材特有的形狀與顏色，創造與主菜之間的對比，讓人留下鮮明印象。配合主菜的特性改變配菜分量，例如兩者等量或融為一體，就能徹底改變擺盤風格。

改變主菜和配菜之間的比例

顛覆傳統觀念，在比例上改為配菜分量較多、主菜分量較少，整盤料理變得以蔬菜為主，也更加符合現代的飲食潮流。應注意兩者之間的比例配置，維持視覺上的整體表現。

搭配數道配菜

若搭配兩道以上的配菜，應注意彼此的顏色、形狀與味道之間的平衡。最常見的是三種顏色的搭配，例如紅、綠加上其他色調（黃、白、紫等）。看起來美味的配色，營養自然均衡豐富。此外，只使用綠色蔬菜時，亦可利用不同食材表現季節感和當令口感。

活用可當作配菜的醬料

可同時發揮配菜與醬料作用的綜合蔬菜，非常實用。可澆淋在主菜上或鋪在盤底，擺盤方式也很簡單。

牛肉（煎烤、牛排）

■ 有效利用單一配菜

煎烤牛肉搭配煎烤馬鈴薯（請參照 p.12）。

牛排搭配焗烤馬鈴薯蘑菇（請參照 p.10）。

■ 改變主菜和配菜之間的比例

炸長茄鑲彩椒與煎烤牛肉（請參照 p.35）一起盛盤。

搭配數道配菜

肋眼牛排搭配烤新洋蔥、煎炒蘑菇與煎炒菠菜，再淋上個人偏好的醬汁。

■ **烤新洋蔥**…奶油放入平底鍋加熱，放入新洋蔥煎過表面，放入烤箱烤熟。

■ **煎炒蘑菇**…奶油放入平底鍋加熱，放入縱切對半的蘑菇拌炒，撒上鹽與胡椒。

■ **煎炒菠菜**…（請參照 p.59）

肋眼牛排搭配煎炒新馬鈴薯、燙油菜花與燙青花菜，再淋上個人偏好的醬汁。

■ **煎炒新馬鈴薯**…新馬鈴薯帶皮蒸熟。植物油倒入平底鍋加熱，放入蒸熟的新馬鈴薯煎過表面，撒少許鹽。

■ **燙油菜花**…放入鹽水汆燙。

■ **燙青花菜**…放入鹽水汆燙。

在菲力牛排的周圍擺上燙青菜、糖煮紅蘿蔔，將融化奶油（檸檬奶油醬）淋在蔬菜上。

■ **燙青菜**…將各種綠色蔬菜（甜豆莢、青花菜、球芽甘藍、油菜花、綠蘆筍、蠶豆）分別放入鹽水煮熟，撈起瀝乾水分。

■ **糖煮紅蘿蔔**…（請參照 p.29）

■ **融化奶油（檸檬奶油醬）**…將水倒入鍋中加熱，煮沸後倒入檸檬汁。慢慢放入奶油，開大火攪拌均勻。撒上少許檸檬汁和鹽調味。

牛肉（燉煮）

有效利用單一配菜

＊味道較重的燉煮料理，搭配口味清爽、無負擔的配菜，讓人吃到最後也不覺膩口。

煎烤蛋茄（請參照 p.32）放入盤裡，
再放上紅酒燉牛頰肉。

奶油煎烤白蘿蔔（請參照 p.62）放入盤裡，
再放上紅酒燉牛頰肉。

紅酒燉牛頰肉搭配紅蘿蔔糊（請參照 p.102）。

漢堡排（請參照 p.133）　　＊淋上牛肉醬汁等個人偏好的醬汁。

搭配數道配菜

漢堡排搭配煎炒櫛瓜與紅椒，以及奶油煮茄子蘑菇。

■ **煎炒櫛瓜與紅椒**…橄欖油倒入平底鍋加熱，放入切成適當大小的櫛瓜與紅椒（去籽）。兩面煎熟後撒上極少許鹽。

■ **奶油煮茄子蘑菇**…（請參照 p.36）

漢堡排搭配烤番茄、煎烤玉米和煎烤茄子。

■ **烤番茄**…番茄（小。1 顆）去除蒂頭，撒上鹽與橄欖油，放入烤箱烤。過程中撒上切碎的平葉巴西里與大蒜，繼續烤熟。

■ **煎烤玉米**…玉米放入水中煮熟後切成方便食用的大小，橄欖油倒入平底鍋加熱，放入玉米，煎至表面上色。撒少許鹽。

■ **煎烤茄子**…橄欖油倒入平底鍋加熱，放入縱切對半的茄子，煎至表面上色。撒少許鹽。

漢堡排搭配糖煮紅蘿蔔、焦糖牛蒡和蒸南瓜。

■ **糖煮紅蘿蔔**⋯（請參照 p.29）
■ **焦糖牛蒡**⋯（請參照 p.66）
■ **蒸南瓜**⋯南瓜切成適當大小的圓弧片，去籽蒸熟。

橢圓形的漢堡排搭配煎炒什錦蔬菜，淋上帕瑪森起司醬，再撒上帕瑪森起司粉。

■ **煎炒什錦蔬菜**⋯小芋頭、馬鈴薯（帶皮或去皮，任何品種皆可）與南瓜蒸熟，切成一口大小。秀珍菇、洋蔥切成適當大小。橄欖油倒入平底鍋加熱，放入蔬菜煎炒至表面上色，撒少許鹽調味。
■ **帕瑪森起司醬**⋯液態鮮奶油、奶油、酸豆、白葡萄酒醋放入鍋中拌勻，開火加熱。撒上磨成粉的帕瑪森起司，再以鹽與胡椒調味。

豬肉

■ 有效利用單一配菜

網烤豬肉淋上醬汁，旁邊放上藍黴起司
與香草馬鈴薯泥（請參照 p.96）。

煎烤排骨搭配大量鴻喜菇、杏鮑菇、
秀珍菇的煎炒三菇（請參照 p.78）。

■ 改變主菜和配菜之間的比例

將大量奶油煮春季蔬菜盛入盤裡，
再放上切成小塊的煎烤豬肉（請參
照 p.92）。

雞肉

有效利用單一配菜

燉煮帶骨雞腿淋上春菊美奶滋，搭配切成塊狀的清湯煮白蘿蔔（請參照p.63）。

煎烤雞胸肉淋上香草奶油醬，搭配焗烤土當歸（請參照p.71）。

製作油封紅洋蔥，最後加入蜜棗乾一起熬煮。鋪在盤底，放上煎烤雞腿肉（請參照p.25）。

將奶油煮高麗菜鋪在盤底，放上煎炸雞肉（請參照p.53）。

改變主菜和配菜之間的比例

焗烤綠蘆筍搭配煎烤雞腿肉（請參照p.47）或其他煎烤肉類。

雞肉

活用可當作配菜的醬料

煎烤雞翅腿澆淋番茄藍黴起司醬（請參照 p.109）。

番茄彩椒醬鋪在盤底，放上炸烤雞胸肉排（請參照 p.111）。

小羊肉

有效利用單一配菜

炸馬鈴薯丁搭配煎烤羊小排，淋上以小羊肉汁為基底製成的醬汁，放上西洋菜裝飾（請參照 p.19）。

煎烤羊小排放在烤洋蔥（圖片）上，淋上以小羊肉汁為基底製成的醬汁，再淋上番茄莎莎醬（請參照 p.22）。

將焦糖蘿蔔鋪在盤底，放上一塊煎烤小羊肉，淋上以小羊肉汁為基底製成的醬汁，再放平葉巴西里裝飾（請參照 p.61）。

小羊肉
■ 搭配數道配菜

煎烤羊小排、油封洋蔥、糖煮紅蘿蔔和煎炒香菇放入盤裡，淋上以小羊肉汁為基底製成的醬汁，撒上平葉巴西里裝飾。

■ **油封洋蔥**…洋蔥切薄片，奶油放入平底鍋加熱，放入洋蔥拌炒。過程中分幾次加入鹽與砂糖，炒至焦糖色。

■ **煎炒香菇**…香菇切半，將植物油或奶油加入平底鍋，放入香菇煎熟。

■ **糖煮紅蘿蔔**…（請參照 p.29）

干貝
■ 有效利用單一配菜

芥末籽馬鈴薯泥與網烤干貝一起盛盤，淋上 E.V. 橄欖油，擺上西洋菜裝飾（請參照 p.98）。

在盤底鋪滿芥末白醬煮綠蘆筍蘑菇，放上煎烤干貝（請參照 p.48）。

辣根醬拌土當歸片與煎烤干貝一起盛盤（請參照 p.69）。

烤彩椒切丁鋪在盤底，撒上橄欖油、鹽、胡椒，放上網烤干貝，淋上黑橄欖醬（請參照 p.45）。

番茄切丁拌入慕斯林醬，鋪在盤底，放上煎烤干貝與水煮青花菜。

■ **水煮青花菜＋慕斯林醬**…（請參照 p.40）

魚

有效利用單一配菜

清燉馬鈴薯塊搭配煎烤鯛魚，淋上海苔醬汁，再擺上黑橄欖（請參照 p.15）。

燉煮鱈魚淋上菠菜白醬，放入切成一半的馬鈴薯南瓜球（請參照 p.17）。

香菇、杏鮑菇、鴻喜菇的煎炒三菇與煎烤斑石鯛一起盛盤。在煎魚的平底鍋內滴入少許檸檬汁加熱，撒上鹽與胡椒調味，以繞圈方式淋在魚肉上（請參照 p.77）。

煎烤八潮鱒放入盤裡，旁邊放上奶油煮長蔥（請參照 p.56）。

煎烤八潮鱒放入盤裡，旁邊淋上橄欖油馬鈴薯泥，撒上蒔蘿裝飾（請參照 p.99）。

溫八潮鱒撒上切碎的蒔蘿，旁邊放上長蔥糊（請參照 p.103）。

魚

■改變主菜和配菜之間的比例

千層茄子搭配煎烤鯛魚盛盤，拌勻番茄丁、檸檬汁、橄欖油、鹽與胡椒，淋在上方（請參照 p.33）。

春季蔬菜捲搭配鮭魚盛盤，舀入白醬（請參照 p.113）。

烤彩椒與番茄醬汁放入鍋中燉煮至濃稠狀，搭配煎烤土魠魚一起盛盤，再放上鯷魚（請參照 p.44）。

■搭配數道配菜

網烤鯛魚搭配網烤蔬菜，淋上生火腿醬（請參照 p.90）。

在蒸煮春季蔬菜的過程中，放入鯛魚慢慢蒸熟（請參照 p.91）。

嫩煎鯛魚搭配煎炒菠菜、酸豆煎炒香菇洋蔥。

■ **煎炒菠菜**⋯（請參照 p.59）
■ **酸豆煎炒香菇洋蔥**⋯將奶油和蒜末放入平底鍋中加熱，加
　入切成一口大小的香菇、切成薄片的洋蔥充分拌炒。撒上
　鹽與胡椒，再放入酸豆。加入番茄丁炒勻。

主菜料理與醬汁食譜

【肉】

●牛排、煎烤牛肉

材料

牛肉（牛肩胛肉、肋眼牛排、腿肉、
　沙朗牛排等）…適量

鹽、胡椒、植物油（或奶油／奶油＋
　植物油）…各適量

1 牛肉放至常溫，拭乾多餘水分，撒
上鹽與胡椒。

2 植物油（或奶油）加入平底鍋，開
中小火加熱，放入 **1**。待表面釋出的
水分揮發，底面煎出焦痕後翻面，將
兩面煎至上色（如肉片較厚，可在煎
好後從平底鍋中取出，以鋁箔紙包起
燜熟）。

＊重量在 400 ～ 500g 的肉片，可用平底
鍋煎熟。較薄的肉片可用高溫大火迅速煎
熟；有厚度的肉片則以中火慢慢煎熟。

＊以奶油煎肉時，請注意火候溫度，避免
燒焦。

●紅酒燉牛頰肉

材料

牛頰肉（塊）…適量

香味蔬菜（薄切洋蔥、紅蘿蔔、西芹
　的比例為 2：1：1）…適量

鹽、胡椒…各適量

紅酒…適量（水＋牛肉醬汁的⅕量）

牛肉醬汁（或小牛高湯）…適量

1 鍋子開火加熱，放入事先撒上鹽的
牛頰肉煎熟表面。加入香味蔬菜，煎
至表面稍微上色。

2 紅酒倒入 **1** 中，將鍋底焦渣刮起
取色（déglacer）。倒入以少許水稀
釋的牛肉醬汁，分量要稍微蓋過牛
肉，蓋上鍋蓋並略留縫隙，開小火慢
慢將肉燉煮至軟嫩。

3 取出肉，放涼後切成適當大小。鍋
中的湯汁撒上鹽與胡椒調味（蔬菜可
保留或濾除），將肉放回湯中加熱。

＊燉煮過程中如水分變少，可再加水。

●煎烤小羊肉（羊小排、羊里肌肉、帶骨小羊肉）

材料

小羊肉…適量

鹽、胡椒、植物油（或植物油＋奶
　油、橄欖油）…各適量

1 小羊肉回溫至常溫，拭乾多餘水
分，撒上鹽與胡椒。

2 植物油倒入平底鍋中，開中小火加
熱，放入 **1** 的肉，將兩面煎熟（作
法與煎烤牛肉相同）。

●醬燉小羊肉

材料（方便製作的分量）

小羊肉（肩肉等）…1kg

洋蔥（切薄片）…3 ～ 4 顆

大蒜…2 瓣（壓扁）

白葡萄酒…180cc

小羊肉汁（高湯）…360cc

砂糖、鹽、胡椒…各適量

植物油、奶油…各適量

1 小羊肉切成一口大小，撒上鹽與胡
椒。

2 植物油倒入平底鍋，放入 **1**，慢慢
將表面煎至上色。

3 奶油放入鍋中加熱，放入 **2** 與洋
蔥、大蒜拌炒。炒至上色後均勻撒上
砂糖，加少許鹽，繼續拌炒。再次撒
入砂糖與鹽，炒至洋蔥焦糖化。

4 倒入白葡萄酒，酒精揮發後，倒入
小羊肉汁燉煮至濃稠狀。撒上鹽與胡
椒調味。

●小羊肉餅

材料

小羊絞肉（粗絞）…適量

豬油網…適量

菠菜（以植物油快速拌炒或汆燙後瀝
　乾水分）…適量

鹽、胡椒、植物油…各適量

1 小羊絞肉放入調理盆，撒上鹽與胡
椒，揉拌均勻後，捏成圓形。

2 將豬油網攤開，鋪上菠菜葉，再放
上 **1**，以豬油網緊密包覆。

3 植物油倒入平底鍋加熱，放入 **2**
煎熟。

＊亦可使用牛絞肉製作。

●煎烤豬肉

材料

豬肉（厚切里肌。帶骨或不帶骨皆
　可）…適量

鹽、胡椒、植物油、奶油…各適量

1 豬肉放至常溫，撒上鹽與胡椒。

2 平底鍋中放入植物油與少許奶油，
熱鍋後放入 **1**，將兩面煎熟（作法與
煎烤牛肉相同）。

●醬燉豬肉（咖哩口味）

材料

豬肉（將整塊豬肉切成一口大小）
　…適量

豬肉汁（高湯）…適量

植物油、鹽、胡椒…各適量

＊做成咖哩口味時：咖哩粉（或市售咖哩
塊）…適量

1 豬肉回溫至常溫，撒上鹽與胡椒。

2 植物油倒入平底鍋加熱，放入 **1**，
將兩面煎熟。倒入豬肉汁，將肉燉煮
至軟嫩。

3（加入咖哩粉做成咖哩口味）撒上
鹽與胡椒調味。

●煎烤雞肉（雞腿肉、雞胸肉）

材料

雞腿肉（或雞胸肉）…適量

鹽、胡椒、奶油（或植物油／奶油＋
　植物油）…各適量

1 雞肉撒上鹽與胡椒。

2 奶油（或植物油）放入平底鍋加
熱，將 **1** 的雞肉皮朝下放入鍋中
煎，翻面煎熟至兩面上色。

●煎烤雞翅腿

材料（2人份）

雞翅腿…4 隻
大蒜…1 瓣（去皮整顆壓扁）
橄欖油…適量
鹽、胡椒…各適量

橄欖油倒入平底鍋，放入大蒜加熱。爆香後放入雞翅腿，撒上鹽與胡椒，將整隻翅腿煎熟。

●炸烤雞胸肉排

材料

雞胸肉…適量
鹽、胡椒、麵粉、蛋液、
　麵包粉（細）…各適量
奶油、植物油…各適量

1 雞胸肉撒上鹽與胡椒，依序裹上麵粉、蛋液、麵包粉。
2 平底鍋中放入稍多的奶油與植物油混合，開火加熱，放入 **1**，將兩面炸烤至金黃焦脆。

●燉煮雞肉

材料

雞肉（雞腿、雞翅等帶骨雞肉）、鹽、雞清湯…各適量

1 帶骨雞肉撒少許鹽，靜置 1 ～ 2 小時。
2 雞清湯倒入鍋中加熱，放入 **1** 燉熟。

●煎炸雞肉

材料

雞胸肉…適量
麵粉、蛋液…各適量
帕瑪森起司（磨成粉）…適量
麵包粉…適量
＊麵包粉與起司粉的比例為 2：1
奶油、鹽、胡椒…各適量

1 麵包粉與起司粉過篩拌勻。

2 雞肉撒上鹽與胡椒，依序裹上麵粉、蛋液、**1**。
3 奶油放入平底鍋融化，放入 **2**，將兩面煎炸至金黃焦脆。

＊亦可改用豬肉。

●番茄煮雞腿肉

材料

雞腿肉…適量
彩椒、青椒、洋蔥、西芹…各適量
番茄醬汁（請參照 p.134）…適量
大蒜（切碎）…少許
鹽、胡椒、橄欖油…各適量

1 雞腿肉切成方便食用的大小，撒上鹽與胡椒。
2 彩椒、青椒、洋蔥、西芹切丁。
3 橄欖油與大蒜放入鍋中加熱，爆香後放入 **1** 稍微煎過。放入 **2**，倒入番茄醬汁，將雞肉燉熟。

●烤鴨腿肉

材料

鴨腿肉（帶骨）…適量
鹽、胡椒、植物油（亦可使用鴨油或鵝油）…各適量

1 植物油倒入平底鍋加熱，鴨腿肉撒上鹽與胡椒，放入鍋中，將兩面煎熟。
2 將 **1** 放入 160 ～ 170℃ 的烤箱，烤出香氣。

●漢堡排

材料（方便製作的分量）

A
- 牛絞肉（粗絞）…300g
- 洋蔥（切碎）…50g
- 蛋…1 顆
- 麵包粉…10g
- 牛奶…30cc
- 鹽、胡椒…各適量

植物油…適量

1 以植物油輕炒洋蔥，在變色之前取出放涼。充分拌勻 A 的材料，捏成大小適中的漢堡排形狀。
2 植物油倒入平底鍋加熱，放入 **1** 煎熟。底部煎熟後翻面，將另一面慢慢煎熟。

●山豬肉丸

材料（1人份）

A
- 山豬粗絞肉（五花肉或肩胛肉）…150g
- 液態鮮奶油（或牛奶）…10g ～
- 麵包粉…10g
- 鹽、胡椒…各適量
- 清湯…少許

植物油…適量

1 充分拌勻 A，捏成小丸子。
2 植物油倒入平底鍋加熱，放入 **1**，邊轉動邊煎熟。

【海鮮】

●煎烤鯛魚

鯛魚片撒上鹽與胡椒，拍上少許麵粉。橄欖油與奶油放入平底鍋加熱，魚皮朝下放入鍋中煎。一開始以大火煎，接著將火候漸漸轉小。煎到差不多之後翻面，火候再轉小一點，慢慢煎熟。

●煎烤八潮鱒（或鮭魚）、煎烤長鰭鮪魚、煎烤鯧魚、煎烤土魠魚

橄欖油倒入平底鍋加熱，使用與上述同樣的方法將魚煎熟。

●煎烤斑石鯛

材料

斑石鯛（或其他白肉魚。魚塊）…適量
鹽、胡椒、橄欖油、檸檬汁…各適量

1 斑石鯛撒上鹽與胡椒，橄欖油倒入平底鍋加熱，魚皮朝下放入鍋中煎。一開始以大火煎，接著將火候漸漸轉

小。煎到差不多之後翻面，火候再轉小一點，慢慢煎熟。

2 將 **1** 盛入盤裡，煎魚的平底鍋加入少許橄欖油和檸檬汁加熱，撒上鹽與胡椒調味，以繞圈方式淋在魚身。

●燉煮鱈魚

材料

鱈魚（厚切魚塊）、鹽…各適量

鱈魚去皮，撒上鹽去腥，放入水鍋中，以小火慢慢煮熟。

●煎炸白肉魚（鱸魚）

材料

白肉魚（鱸魚。魚塊）…適量

鹽、胡椒…各適量

蛋液、帕瑪森起司（磨成粉）、植物油、奶油…各適量

1 白肉魚撒上鹽與胡椒。

2 拌勻蛋液與起司粉，放入 **1** 的魚均勻沾附。植物油與奶油放入平底鍋加熱，將魚肉兩面煎熟。

●炸白肉魚

白肉魚切成方便食用的大小，撒上鹽與胡椒，依序裹上麵粉、蛋液、麵包粉，放入熱油鍋炸熟。

●白醬鮭魚

材料

鮭魚（魚塊）…適量

鹽、胡椒、白葡萄酒、液態鮮奶油、奶油…各適量

1 鮭魚去皮，撒上鹽與胡椒，放入鍋中。倒入稍微蓋到魚塊表面的白葡萄酒，蓋上開洞的烘焙紙（當落蓋使用），轉小火煮熟。將鮭魚取出備用。

2 取出鮭魚後，重新開火加熱湯汁，煮至稀稠狀，加入少許液態鮮奶油與奶油增加濃稠度（beurre monté）。撒上鹽與胡椒調味，淋在鮭魚上。

●溫八潮鱒（低溫烹調）

材料

八潮鱒（或鮭魚。刺身用）…適量

植物油、鹽…各適量

1 八潮鱒前一天先撒上鹽，放入冰箱冷藏。

2 鍋中倒入植物油，油量要足夠蓋過整塊魚肉，開火加熱至 65℃。

3 將 **1** 放入 **2** 中慢慢加熱（魚身溫度維持 37 ～ 40℃之間）。

＊如魚身較小，加熱 10 分鐘左右即可。

●醃漬八潮鱒與干貝

材料

八潮鱒（或鮭魚。刺身用）…適量

干貝（刺身用）…適量

鹽…適量

1 八潮鱒撒上鹽，放冰箱冷藏 2 ～ 3 小時。

2 干貝撒少許鹽，放冰箱冷藏一下。

3 拭乾 **1** 與 **2** 的水分，切成方便食用的大小。

●烤箱烤喜知次魚

喜知次魚刮除鱗片、去除內臟，撒上鹽與胡椒，淋上橄欖油，放入 170 ～ 180℃的烤箱烤熟。

●煎烤干貝

充分拭乾干貝的水分，撒上鹽與胡椒。橄欖油倒入平底鍋加熱，放入干貝，開中火將干貝兩面煎熟。

●網烤干貝

干貝撒上鹽與胡椒，均勻淋上橄欖油，放入烤爐烤。

●烤箱烤鱈魚白子

用水輕輕洗淨新鮮的鱈魚白子，拭乾水分，撒上鹽，放入烤箱稍微烤過。

【醬汁】

●白醬

材料（方便製作的分量）

紅蔥頭（切碎）…適量

白葡萄酒…120cc

液態鮮奶油…30cc

奶油…10g ＋ 60g

鹽、胡椒…各適量

1 將 10g 奶油與紅蔥頭放入鍋中快速拌炒，避免燒焦。倒入白葡萄酒慢慢煮至稀稠狀。

2 液態鮮奶油倒入 **1** 加熱，再加入 60g 的奶油增加濃稠度（beurre monté）。

3 撒上鹽與胡椒調味。

＊最後滴入檸檬汁增添風味。

●菠菜白醬

製作白醬（請參照上方作法），拌入切碎的菠菜，撒上鹽與胡椒調味。

＊最後滴入檸檬汁增添風味。

●番茄莎莎醬

材料（方便製作的分量）

番茄…½顆（或 3 顆小番茄）

鯷魚（切碎）…1 片

黑橄欖（切碎）…1 粒

大蒜（切碎）…少許

平葉巴西里（切碎）…少許

鹽、胡椒、橄欖油…各適量

＊不同品種與大小的番茄各有差異，食譜分量僅供參考。

番茄帶皮切成 5mm 小丁，拌勻所有材料。

●番茄醬汁

材料（方便製作的分量）

水煮番茄（切丁罐頭）…500g

洋蔥（切碎）…80g

大蒜（切碎）…1 瓣

鹽…適量

砂糖（如需要再加）…少許

月桂葉…1 片
橄欖油…30cc

＊不同品牌的水煮番茄罐頭各有差異，食譜分量僅供參考。

1 橄欖油與大蒜放入平底鍋加熱，爆香後放入洋蔥拌炒（大蒜與洋蔥皆要避免炒焦）。
2 水煮番茄放入 **1** 中，撒上鹽（、砂糖），放入月桂葉燉煮。注意不要將番茄煮到碎爛。

● 紅酒醋淋醬
以 1：1～1：2 的比例拌勻紅酒醋與橄欖油，撒上鹽與胡椒攪拌勻。

● 法國油醋醬
材料（僅供參考）
植物油…90cc
紅酒醋…25～30cc
第戎芥末醬…10g
鹽、胡椒…各少許

第戎芥末醬、紅酒醋、鹽、胡椒放入調埋盆，以打蛋器輕輕拌勻。從盆邊慢慢加入植物油，充分拌勻。

● 春菊美奶滋
材料（方便製作的分量）
春菊（汆燙後切碎）…少許
洋蔥（切碎）…少許
大蒜（切碎）…少許
美奶滋…1 大匙
第戎芥末醬…½大匙（分量可依喜好調整）
紅酒醋…½大匙
E.V. 橄欖油…少許
鹽、胡椒…各適量

拌勻所有材料，撒上鹽與胡椒調味。

● 韭菜奶油醬
材料
韭菜奶油
┌ 韭菜、奶油…各適量
└ （韭菜與奶油的比例為 2：3）
鹽、胡椒、檸檬汁…各適量

1 製作韭菜奶油：韭菜汆燙後泡冷水，充分瀝乾水分。放入 Robot Coupe 食物調理機打成泥，拌入軟化成膏狀的奶油，試試味道稍加調整（可用保鮮膜包起，冷凍保存）。
2 取適量 **1** 的韭菜奶油放入鍋裡加熱，加入鹽、胡椒、檸檬汁調味。

● 青海苔醬汁
材料
魚高湯
┌ 魚雜…適量
│ 蔬菜（洋蔥、長蔥、西芹、
│ 　紅蘿蔔）…各適量（魚雜的⅓）
│ 番茄…適量
│ 大蒜…少許
│ 蛋白…適量
│ 橄欖油、白葡萄酒、水
│ 　（或雞清湯）…各適量
│ 月桂葉…1 片
└ 鹽、胡椒、檸檬汁…各適量
青海苔…適量

1 魚雜粗略切塊，泡水洗淨，瀝乾水分。
2 橄欖油倒入鍋中，放入切成小丁的蔬菜與壓碎的番茄、大蒜，倒入蛋白拌勻。
3 將 **1** 的魚雜放入 **2** 快速拌炒。倒入白葡萄酒、水（或雞清湯），放入月桂葉，開大火加熱。湯汁開始滾沸後，將食材推到旁邊，維持沸騰的火候讓魚雜的鮮味充分釋出（盡量不要讓湯汁變得混濁）。
4 將 **3** 用濾網過濾，試試味道，視情況加入鹽、胡椒、檸檬汁調味，放入適量青海苔。

● 辣根醬
辣根磨成泥，倒入檸檬汁與液態鮮奶油加熱，撒上鹽與胡椒調味。

● 香草奶油醬
材料
奶油…適量
大蒜（切碎）…少許
個人偏好的香草（巴西里、平葉巴西里、蝦夷蔥等。切碎）…適量
鹽、胡椒、檸檬汁…各少許

奶油回溫至室溫，加入大蒜和香草充分拌勻。撒上鹽、胡椒、檸檬汁調味。

● 生火腿醬
以橄欖油拌炒切碎的洋蔥，放入切碎的生火腿快速拌炒，撒上鹽與粗磨黑胡椒粒調味。

【湯】
● 番茄湯
材料（方便製作的分量）
水煮番茄（切丁罐頭）…500g
洋蔥（切碎）…80g
大蒜…1 瓣
雞清湯…適量
橄欖油、鹽、胡椒…各適量

1 橄欖油倒入平底鍋加熱，放入大蒜與洋蔥拌炒。
2 將水煮番茄放入 **1**，加入適量的雞清湯與水加熱，撒上鹽與胡椒調味。

＊煮好後可直接喝，或放入攪拌機打成濃湯。

法式料理名廚配菜技法大全（暢銷紀念版）

100+創意蔬菜料理與肉類海鮮食譜，以法式正統烹調手藝展現食材特性，大廚親授法式配菜料理的獨到搭配心法與擺盤設計

原 書 名	料理を変えるつけ合わせバリエーション
作 者	音羽和紀
譯 者	游韻馨

總 編 輯	王秀婷
責任編輯	徐昉驊
行銷業務	黃明雪
版 權	徐昉驊

發 行 人	涂玉雲
出 版	積木文化
	104台北市民生東路二段141號5樓
	電話：(02) 2500-7696 傳真：(02) 2500-1953
	官方部落格：http://cubepress.com.tw/
	讀者服務信箱：service_cube@hmg.com.tw
發 行	英屬蓋曼群島商家庭傳媒股份有限公司城邦分公司
	台北市民生東路二段141號11樓
	讀者服務專線：(02)25007718-9 24小時傳真專線：(02)25001990-1
	服務時間：週一至週五上午09:30-12:00、下午13:30-17:00
	郵撥：19863813 戶名：書虫股份有限公司
	網站：城邦讀書花園 網址：www.cite.com.tw
香港發行所	城邦（香港）出版集團有限公司
	香港灣仔駱克道193號東超商業中心1樓
	電話：852-25086231 傳真：852-25789337
	電子信箱：hkcite@biznetvigator.com
馬新發行所	城邦（馬新）出版集團Cite (M) Sdn Bhd
	41, Jalan Radin Anum, Bandar Baru Sri Petaling,
	57000 Kuala Lumpur, Malaysia.
	電話：603-90578822 傳真：603-90576622
	email: cite@cite.com.my

封面設計	郭家振
內頁排版	優克居有限公司
製版印刷	凱林彩印有限公司

城邦讀書花園
www.cite.com.tw

2021 年 7 月 29 日 二版一刷
2022 年 9 月 2 日 二版二刷
售價／NT$480元
ISBN 978-986-459-332-3
版權所有·翻印必究

Printed in Taiwan.

國家圖書館出版品預行編目資料

法式料理名廚配菜技法大全：100+創意蔬菜料理與肉類海鮮食譜，以法式正統烹調手藝展現食材特性，大廚親授法式配菜料理的獨到搭配心法與擺盤設計/音羽和紀著；游韻馨譯. -- 二版. -- 臺北市；積木文化出版；英屬蓋曼群島商家庭傳媒股份有限公司城邦分公司發行，2021.07
　面；　公分
暢銷紀念版
譯自：料理を変えるつけ合わせバリエーション
ISBN 978-986-459-332-3(平裝)

1.食譜 2.烹飪 3.法國

427.12　　　　　　110010205